**인공지능만 믿고
공부는 안 해도 될까요?**

10대 이슈톡_07

인공지능만 믿고 공부는 안 해도 될까요?

초판 1쇄 발행 2024년 1월 15일

지은이 이여운
펴낸곳 글라이더
펴낸이 박정화
편집 박일귀
디자인 디자인뷰
마케팅 임호

등록 2012년 3월 28일 (제2012-000066호)
주소 경기도 고양시 덕양구 화중로 130번길 32(파스텔프라자 609호)
전화 070) 4685-5799
팩스 0303) 0949-5799
전자우편 gliderbooks@hanmail.net
블로그 https://blog.naver.com/gliderbook
ISBN 979-11-7041-139-0 (43560)

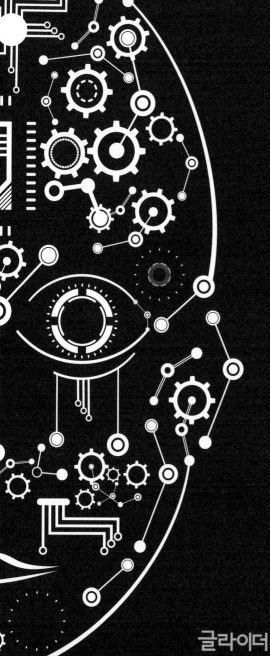

10대 이슈톡 **7**
Teenage Issue Talk

인공지능만 믿고
공부는 안 해도 될까요?

이여운 지음

글라이더

학생들이 숙제를 네이버 지식인에서 '복사·붙여넣기' 하는 시대에서 ChatGPT의 결과를 '복사·붙여넣기' 하는 시대로 변했습니다. 모두가 인공지능을 사용하는 시대에, 청소년들이 막연하게 '인공지능은 우리 일상을 매우 편리하게 바꿀 것이다' 혹은 '인공지능 때문에 우리가 일자리를 잃을 것이다'라고만 생각하지 않길 바랍니다.

인공지능으로 바뀔 세상을 상상하려면 인공지능에 대해 알아야 합니다. 다른 사람의 상상이나 예측만 듣고서는 스스로 상상할 수 없습니다. 청소년도 인공지능이 무엇인지, 인공지능은

어떻게 학습하는지, 인공지능에는 어떤 종류가 있는지 알아야
합니다.

이 책은 인공지능의 학습 데이터를 어떻게 가공하는지부터
시작해 더 똑똑한 모델을 어떻게 평가하는지까지 다루고 있습
니다. 그리고 역대 가장 유명한 인공지능 모델인 ChatGPT, 이
미 모두의 일상에 스며든 추천 모델 등에 관한 심층적인 설명도
덧붙였습니다. 이러한 이해를 바탕으로 인공지능이 지켜야 할

윤리와 인공지능이 바꿀 미래를 함께 고민해 볼 것입니다.

인공지능의 학습은 대부분 아무 의미 없는 초깃값으로 시작합니다. 그래서 처음에는 얼토당토않은 오답을 계속 뱉어 냅니다. 하지만 계속해서 그 오답이 실제 정답과 가까워지도록 값을 조정해 주다 보면, 인공지능은 금세 책도 쓰고 채팅도 하고 그림도 그릴 수 있게 됩니다.

인공지능이 엄청난 성능을 보일 수 있었던 비결 중 하나는, 어쩌면 틀리는 것에 대한 두려움이 없어서일지도 모릅니다. 모르는 것을 새로 배우는 일은 두렵습니다. 하지만 인공지능이 오답을 뱉어 내야 학습을 시작할 수 있듯이, 우리도 마찬가지입니다. 당장 정답에 도달하진 못해도 이전 오답보다는 그럴듯한 오답을 향해 나아갈 수는 있습니다. 이 책이 '인공지능 이해하기'라는 목표에 조금 더 가까워지는 여정이 되길 바랍니다.

이여운

차례

5장. 인공지능이 그려 갈 미래를 알아봐요

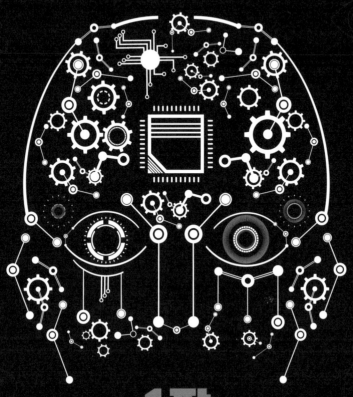

·1장·

인공지능이
무엇인가요?

1

인공지능은
뭘 먹고 크나요?

여러분은 '인공지능(Artificial Intelligence)'이라는 단어를 언제 처음 접했나요? 2016년에 한국에서 열린 알파고와 이세돌의 바둑 대국? 2022년에 공개되어 많은 사람을 놀라게 한 ChatGPT? 우리 일상에 '인공지능'이라는 단어가 스며든 것은 비교적 최근처럼 느껴지지만, 사실 이보다 훨씬 오래전부터 인공지능 연구는 계속 진행되고 있었습니다.

'인공지능'이라는 단어가 처음 등장한 건 1956년 미국 다트머스 대학에서 열린 어느 학회에서였습니다. 그러나 당시에는 인공지능으로 해결할 수 있는 문제가 많지 않았고, 그래서 사람

우리가 상상하는 인공지능의 모습

들의 기억 속에서 사라집니다.

　그렇다면 최근에 인공지능이 폭발적으로 성장한 배경은 무엇일까요? 여기에는 크게 세 가지 변화를 들 수 있습니다. 우선 인공지능 학습에 활용할 수 있는 데이터의 양이 크게 늘었습니다. 여러분이 10문제만 풀어 보고 치른 수학 시험보다 100문제를 풀고 친 수학 시험의 결과가 더 좋을 것입니다. 인공지능도 똑같이 더 많은 데이터를 보면 볼수록 성능은 더 좋아집니다.

인공지능 개념이 처음 도입된 1950년대까지만 하더라도 인공지능의 학습에 사용할 수 있을 만큼 충분히 많은 데이터를 확보하기 어려웠습니다. 그러나 지금은 인터넷 덕분에 누구나 전 세계 사람들이 만든 데이터에 접근할 수 있게 되었습니다. 실제로 여러분이 인터넷에 올린 글들도 ChatGPT 학습에 사용되었답니다. 덕분에 ChatGPT의 한국어 실력이 늘 수 있었죠.

그러나 데이터가 많다고 모든 문제가 해결되는 것은 아닙니다. 이 많은 데이터를 분석하고 처리하려면 컴퓨터 성능이 뒷받침돼야 하기 때문이죠. 그뿐만 아니라 인공지능은 학습 과정에서 커다란 행렬들의 곱셈, 미분 등 복잡한 계산을 여러 번 수행해야 합니다. 이러한 연산을 수행할 때도 성능이 좋은 컴퓨터가 필요합니다. 컴퓨터 성능이 발전하지 않았더라면 인공지능도 이렇게 성장하지 못했을 겁니다.

마지막 이유는 인공지능 알고리즘의 발전입니다. 여러분이 시험공부를 할 때 공부할 교과서, 8시간은 거뜬히 버틸 수 있는 체력까지 준비되었다고 가정해 봅시다. 그러나 공부하는 방법을 몰라서 무작정 교과서를 한 장씩 뜯어 먹었다면 어떨까요? 전혀 머리에 남는 게 없고 시험은 망치게 될 것입니다. 여기서 교과서는 데이터, 체력은 컴퓨터 성능이라고 본다면, 공부하는 방법은 인공지능 알고리즘에 해당합니다. 이제부터 인공지능 알고리즘의 발전 방향을 알아보겠습니다.

2
인공지능의
성장 과정

하나를 알려주면 하나만 아는 규칙 기반 인공지능

최초의 인공지능은 규칙 기반으로 작동했습니다. 인간이 데이터를 보고 규칙을 찾아내서 이 규칙에 맞게 답을 내라고 하면 인공지능은 그 규칙을 따르는 방식입니다.

예를 들어, 많은 수학 시험을 치러 본 선배가 수학 시험의 법칙을 알아냈다며 후배에게 팁을 전수합니다. 그 팁은 수학 주관식 문제의 답을 모두 0으로 찍으라는 것입니다. 여러분이 규칙 기반 인공지능 모델이라면, 앞으로 만날 모든 수학 주관식 문제

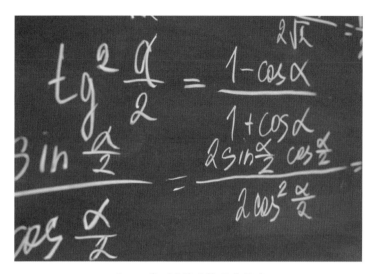

sin, cos을 이용한 수학 문제 풀이

의 답을 0으로 찍을 것입니다. 하지만 답이 0이 아닌 수학 주관식 문제도 당연히 많을 것이고, 주관식이 아닌 객관식 문제, 또는 다른 과목의 문제에는 전혀 대응하지 못한다는 한계가 있습니다.

수학 문제 풀이에 규칙 기반 방식이 잘 작동하려면 이렇게 간단한 규칙으로는 부족합니다. "문제에 sin, cos이 언급되면 사인, 코사인 법칙을 활용하라", "삼각형 변의 길이를 사인 법칙에 대입하라" 등 복잡한 규칙과 예외 사항이 끝없이 추가되어야 할 것입니다.

이처럼 규칙 기반 방식은 규칙이 불완전하고 모든 경우를 커버할 수 없다는 한계가 있습니다. 또한 인간이 직접 규칙을 만들어 줘야 하는 번거로움까지 있죠.

스스로 규칙을 알아내는 머신러닝

데이터에서 규칙을 찾아내는 부분을 인간 대신 인공지능에 맡기면 더 편하지 않을까요? 그래서 머신러닝(Machine Learning)이 탄생했습니다. 머신러닝은 데이터만 충분히 제공하면 인공지능이 직접 규칙을 찾아내는 방식입니다.

수학 시험에 비유하자면, 수학 문제와 정답만 던져 주면 인공지능이 알아서 수학 문제 풀이 방법을 알아내는 방식입니다. 인공지능의 자기 주도 학습인 셈이죠.

여기까지 들으면 머신러닝이 완벽해 보이지만, 머신러닝에도 한계점이 있습니다. 바로 인공지능이 왜 그런 결정을 내렸는지 해석하기 어렵다는 점이죠. 그래서 "인공지능은 블랙박스다"라는 비유가 사용되기도 합니다. 최근에는 이를 경계하고자 '해석가능한 인공지능(Interpretable AI)' 분야가 연구되기 시작했습니다.

사람의 뇌를 닮은 딥러닝

'딥러닝(Deep Learning)'은 머신러닝의 한 종류입니다. 그러나 더 복잡한 문제의 규칙을 잘 찾아낼 수 있도록 인간의 뇌를 본떠 만든 '인공신경망(Artificial Neural Network)'을 이용합니다. 딥러닝은 기존 머신러닝이 처리하기 어려웠던 비정형 데이터를 잘 처리하고 학습할 수 있습니다. ChatGPT도 이 딥러닝 방식으로 학습되었습니다.

비정형 데이터가 무엇이냐고요? 데이터는 크게 정형 데이터와 비정형 데이터로 나눌 수 있습니다. 정형 데이터는 구조화된 데이터로, 학생들의 나이, 성적, 키, 객관식 문제의 정답 등이 해당합니다. 비정형 데이터는 구조화되지 않은 데이터로, 오늘의

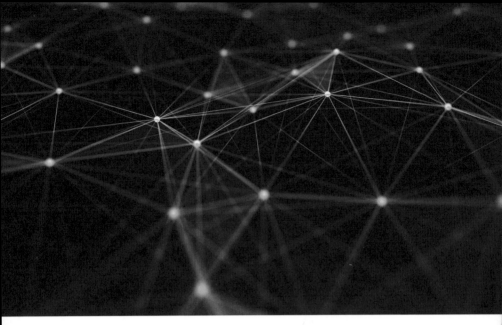

인간의 뇌를 닮은 인공신경망

급식 메뉴, 자기 소개서 내용, 서술형
문제의 정답 등이 해당합니다.

토론거리

우리의 일상을 데이터의 관점에서
다시 바라보면 어떤 데이터가 정형
데이터에 속하고, 어떤 데이터가
비정형 데이터에 속할까요?

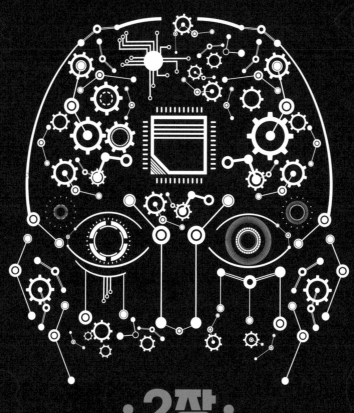

· 2장 ·

인공지능은 어떻게
똑똑해질까요?

1

학습 데이터를
다듬어 주자, 전처리

인공지능은 숫자만 아는 바보

본격적으로 인공지능이 학습을 시작하기 전에 꼭 해 줘야 하는 작업이 있습니다. 바로 학습 데이터를 구성하는 작업, '전처리(Preprocessing)'입니다. 전처리된 데이터는 인공지능이 알 수 있는 세계의 전부이므로, 전처리는 인공지능 성능과 직접적으로 연결되어 있는 중요한 작업입니다. 전처리는 인공지능이 이해할 수 있는 형식으로 데이터를 변환해 주는 작업, 더 좋은 성능을 내도록 데이터를 수정하는 작업을 모두 포함합니다.

데이터를 정리하는 모습

인공지능을 공부하는 여러분에게 비유하면, 외국어로 된 참고서 내용을 한국어로 번역하는 작업, 너무 복잡해서 이해가 잘 안 되는 내용을 보기 쉽게 요점 정리하는 작업 등이 전처리에 해당합니다. 외국어 참고서는 번역을 하고, 이해가 안 되는 내용은 요점을 정리해야 비로소 머리에 내용이 들어오겠죠.

그렇다면 인공지능이 이해할 수 있는 형식은 무엇일까요? 인공지능은 이미지, 음성, 텍스트와 같은 비정형 데이터를 어떻게 이해할까요? 사실 인공지능은 그리 똑똑하지 않습니다. 영어도, 한국어도, 그림도, 벨소리도 아무것도 이해하지 못합니다. 인공지능이 이해할 수 있는 건 숫자밖에 없습니다. 영어도, 한국어도, 그림도, 벨소리도 모두 숫자로 바꿔 줘야 인공지능이 학습할 수 있게 됩니다. 복잡한 데이터일수록 숫자가 더 여러 개 모여 있을 뿐, 어쨌든 숫자입니다. 숫자들은 어떻게 모여 있느냐에 따라 '벡터' 또는 '행렬'이라고 불리는데, 인공지능은 벡터나 행렬의 연산이 전부라고 봐도 무방합니다. 이처럼 인공지능의 핵심 개념인 '벡터'와 '행렬'을 좀 더 깊이 알아봅시다.

MBTI로 알아보는 벡터와 행렬

여러분의 MBTI는 무엇인가요? MBTI가 같은 친구들과는 비슷한 성격을 가진 것 같나요? MBTI가 달라도 나랑 정말 비슷하다고 느낀 친구는 없나요?

MBTI는 성격 유형 테스트로, 사람들의 성격을 16가지 유형으로 분류합니다. 외향형(E)과 내향형(I), 직관형(N)과 현실주의형(S), 사고형(T)과 감정형(F), 계획형(J)과 탐색형(P) 이렇게 4가지 지표 중 각각 하나를 선택하는 방식입니다. 하지만 80억 명에 달하는 전 세계 사람들을 단 16가지 유형으로 분류하는 데는 한계가 있습니다. 예를 들어, 외향형과 내향형 점수가 각각 0.51과 0.49로 비슷해도 MBTI에 따르면 무조건 외향형으로 분류됩니다.

벡터를 사용하면 이러한 MBTI의 한계를 보완할 수 있습니다. 벡터는 간단히 '여러 숫자의 목록'이라고 생각하면 됩니다. 벡터에 포함된 숫자가 몇 개인지에 따라 벡터의 차원이 결정되는데, 1개의 숫자로만 이루어진 벡터는 1차원 벡터, 3개의 숫자로 이루어진 벡터는 3차원 벡터, n개의 숫자로 이루어진 벡터는 n차원 벡터입니다.

MBTI를 벡터로 나타낸다면 4차원 벡터로 나타낼 수 있습니다. 4가지 지표 중 하나씩 골라 그 유형의 점수를 적으면 됩니다. 예를 들어, 첫 번째 지표인 외향형과 내향형 중 외향형을 선택했다면, 외향형의 점수를 벡터의 첫 번째 값으로 적습니다. 내향형의 점수는 '1 - (외향형의 점수)'가 될 것이므로 굳이 적지 않아도 됩니다. MBTI 벡터를 첫 번째 값에는 외향형(E), 두 번째 값에는 직관형(N), 세 번째 값에는 사고형(T), 네 번째 값에는 계획형(J)의 점수를 쓰는 것으로 정의한다고 합시다. 다음 그림

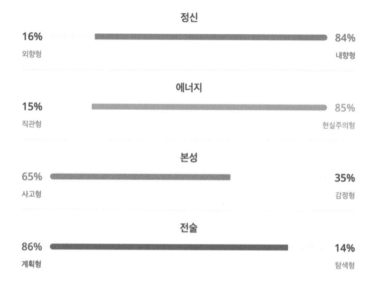

MBTI 검사 결과 예시

(출처: https://www.16personalities.com/free-personality-test)

의 결과를 벡터로 나타내면 [0.16, 0.15, 0.65, 0.86]이 됩니다.

이렇게 MBTI를 벡터로 나타내면 성격을 더 정확히 나타낼
수 있을지 확인해 봅시다. MBTI가 ESTP이고 벡터로 나타내면
[0.51, 0.49, 0.52, 0.48]인 사람 A가 있다고 합시다. A는 4가지
지표 모두 애매한 수치가 나왔지만, 내향형보다 외향형, 직관형
보다 현실주의형, 감정형보다 사고형, 계획형보다 탐색형의 점

수가 미세하게 높아 ESTP가 되었습니다. A와 같은 ESTP지만, 4가지 지표 모두 확실하게 한쪽으로 쏠린 사람 B도 있습니다. B의 MBTI를 벡터로 나타내면 [0.88, 0.21, 0.92, 0.12]입니다.

반면, A와 정반대인 INFJ지만, A처럼 4가지 지표 모두 애매한 수치가 나온 사람 C도 있습니다. C의 MBTI를 벡터로 나타내면 [0.49, 0.53, 0.42, 0.55]입니다. 벡터로 놓고 비교해 보면 A와 B보다, A와 C의 성격이 더 유사하다는 사실을 알 수 있습니다.

벡터가 '여러 숫자의 목록'이라면 행렬의 정체는 무엇일까요? 행렬은 '여러 벡터의 목록'입니다. 예를 들어, 2학년 1반 학생들의 MBTI를 모두 벡터로 나타내 한데 모으면 행렬이 됩니다. 결국 인공지능은 정형 데이터든 비정형 데이터든 모두 숫자로 바꿔 벡터 또는 행렬을 만들고 이를 학습합니다.

토론거리

친구와 나의 MBTI를 벡터로 나타내 비교해 보세요. 성격이 더 비슷하다고 느껴지거나 혹은 더 멀게 느껴지는 친구가 있나요?

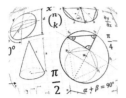

코사인
유사도

　코사인 유사도(Cosine Similarity)는 두 벡터의 유사도를 나타내는 데 가장 많이 사용되는 방법 중 하나입니다. 벡터로 나타낸 MBTI 간 유사도도 이 코사인 유사도를 통해 계산할 수 있습니다. 두 벡터의 코사인 유사도는 두 벡터의 내적값을 두 벡터 길이의 곱으로 나눈 값입니다. 벡터의 내적이란, 두 벡터의 첫 번째 값끼리 곱한 것, 두 번째 값끼리 곱한 것, … 마지막 값끼리 곱한 것을 모두 더하는 연산입니다. 벡터의 길이는 그 벡터의 각 값을 제곱해 더한 후 제곱근을 취해 구합니다. 코사인 유사도는 -1에서 1 사이의 값을 가지며, 1에 가까울수록 두 벡터가 유사하다는 의미입니다.

$$cos(\theta) = \frac{A \cdot B}{||A|| ||B||} = \frac{\sum_{i=1}^{n} A_i B_i}{\sqrt{\sum_{i=1}^{n} A_i^2} \sqrt{\sum_{i=1}^{n} B_i^2}}$$

예를 들어, A의 MBTI 벡터 [0.51, 0.49, 0.52, 0.48]와 B의 MBTI 벡터 [0.88, 0.21, 0.92, 0.12]의 코사인 유사도를 계산해 봅시다. 우선 두 벡터를 내적하면 아래와 같습니다.

$$0.51 \times 0.88 + 0.49 \times 0.21 + 0.52 \times 0.92 + 0.48 \times 0.12 = 1.0877$$

다음으로 A 벡터의 길이는 $\sqrt{0.51^2+0.49^2+0.52^2+0.48^2} = 1.0004$ 이고, B 벡터의 길이는 $\sqrt{0.88^2+0.21^2+0.92^2+0.12^2} = 1.2958$ 입니다. 따라서 A 벡터와 B 벡터의 코사인 유사도는 $\frac{1.0877}{1.0004 \times 1.2958} = 0.8390$ 입니다. 같은 방식으로 A의 MBTI 벡터 [0.51, 0.49, 0.52, 0.48]와 C의 MBTI 벡터 [0.49, 0.53, 0.42, 0.55]의 코사인 유사도를 계산해 보면, 0.9915로 A와 B보다 A와 C가 더 유사하다는 것을 정량적으로 파악할 수 있습니다.

뭐든지 숫자로 바꿀 수 있는 주문, 원핫인코딩

'원핫인코딩(One-hot Encoding)'은 숫자가 아닌 데이터를 숫자들의 목록인 벡터로 변환하는 가장 기본적인 방식입니다. 예를 들어, 인공지능 모델에 친구들의 키, 성적, 좋아하는 가수를 학습 데이터로 넣어 주고 싶습니다. 그런데 가수는 숫자가 아니기 때문에 난감합니다. 이때 원핫인코딩으로 가수를 벡터로 나타낼 수 있습니다. 각 열에 친구들이 좋아하는 모든 가수의 이름을 중복 없이 쓰고, 해당 가수는 그 열의 값만 1, 나머지 열의 값은 0인 벡터로 표현할 수 있습니다.

다음의 예시에서 아이브는 [1, 0, 0]이라는 벡터, 방탄소년단은 [0, 1, 0]이라는 벡터, 뉴진스는 [0, 0, 1]이라는 벡터로 표현되었습니다. 이렇게 원핫인코딩으로 변환된 벡터는 변환할 데이터의 가짓수만큼의 차원을 가집니다. 여기선 3명의 가수를 벡터로 변환했기 때문에 각 가수가 3차원의 벡터로 변환되었습니다. 만약 10명의 가수를 원핫인코딩을 통해 벡터로 나타낸다면, 각 가수를 10차원의 벡터로 나타내게 됩니다.

가수	아이브	방탄소년단	뉴진스
아이브	1	0	0
방탄소년단	0	1	0
뉴진스	0	0	1

이보다 복잡한 문장 데이터에도 같은 방식을 적용할 수 있습니다. 이번에는 친구들이 좋아하는 가수가 아니라 친구들이 말한 문장을 학습 데이터로 넣어주고 싶다고 합시다. 친구들이 "난 아이브 좋아", "뉴진스 좋아", "난 수학 좋아"라고 말했습니다. 우선 문장을 단어로 쪼개고 이 단어들을 각각 벡터로 변환한 뒤, 문장을 문장 내 단어들의 벡터 목록, 즉 행렬로 나타내 봅시다.

첫 번째 문장은 [난, 아이브, 좋아], 두 번째 문장은 [뉴진스, 좋아], 세 번째 문장은 [난, 수학, 좋아]로 쪼갤 수 있습니다. 그리고 각 단어를 벡터로 나타내기 위해 다시 표를 그려 봅시다. 이번에도 각 열에 친구들이 말한 문장 속 모든 단어를 중복 없이 쓰고, 해당 단어는 그 열의 값만 1, 나머지 열의 값은 0인 벡터로 표현할 수 있습니다.

단어	난	아이브	좋아	뉴진스	수학
난	1	0	0	0	0
아이브	0	1	0	0	0
좋아	0	0	1	0	0
뉴진스	0	0	0	1	0
수학	0	0	0	0	1

이제 단어 벡터를 이용해 문장을 행렬로 나타낼 수 있습니다. 세 번째 문장인 "난 수학 좋아"는 "난"의 벡터인 [1, 0, 0, 0, 0]과 "수학"의 벡터인 [0, 0, 0, 0, 1]과 "좋아"의 벡터인 [0, 0, 1, 0, 0]을 모아 [[1, 0, 0, 0, 0], [0, 0, 0, 0, 1], [0, 0, 1, 0, 0]]이라는 행렬로 나타낼 수 있습니다.

원핫인코딩은 숫자가 아닌 데이터를 손쉽게 벡터로 변환할 수 있다는 장점이 있지만 치명적인 단점도 있습니다. 바로 표현해야 할 데이터의 가짓수가 늘어나면 그에 비례해 벡터의 차원도 늘어난다는 점입니다. 친구들이 좋아하는 가수가 단 한 명도 겹치지 않아 1,000명이 넘는 가수를 벡터로 만들어야 한다면 어떨까요? 만약 수만, 수억 개의 단어를 내뱉는 ChatGPT가 원핫인코딩으로 전처리된 문장 데이터를 학습에 사용했다면, 각 단어 벡터는 대체 몇 차원인 걸까요?

이렇게 원핫인코딩은 학습 데이터의 크기가 폭발적으로 증가하고 이에 따라 메모리가 낭비될 수 있다는 단점이 있습니다. 그래서 ChatGPT처럼 고차원적인 모델에서는 사용하지 않지만, 간단한 모델에서는 여전히 많이 사용하는 방식입니다.

숫자도 전처리가 필요해

인공지능이 이해할 수 있는 숫자는 전혀 전처리가 필요하지 않을까요? 숫자도 전처리가 필요합니다. 여러분이 이해할 수 있는 한국어로 된 참고서가 있어도, 그 참고서에 시험 범위에 들어가지 않는 특정 법칙의 예외 사항이 적혀 있거나 특정 의견을 지지하는 근거만 많이 서술되어 있다면 그 부분은 빼고 공부해야 하는 것과 같은 이치입니다.

숫자 데이터는 어떤 전처리가 필요할까요? 우선 '이상치

(Outlier)' 제거가 있습니다. 한국인의 키, 몸무게를 입력받아 그 사람의 성별을 예측하는 인공지능을 학습한다고 해 봅시다. 많은 예외가 있지만 충분히 많은 데이터가 주어지면 일반적으로 여성의 키, 몸무게가 남성의 키, 몸무게보다 작습니다.

그런데 학습 데이터에 배구 선수 김연경의 데이터가 포함되어 있다고 해 봅시다. 김연경 선수는 키 192㎝의 여성입니다. 한국 여성의 평균 신장이 160㎝ 초반인 것을 고려하면 매우 이질적인 데이터입니다. 이러한 데이터를 '이상치'라고 합니다. 인공지능의 활용 목적에 따라 다르겠지만, 일반적으로 이러한 이상치는 제거하고 학습하는 것이 성능 향상에 도움이 됩니다. 만약이 인공지능이 평균보다 월등히 키가 큰 배구 선수들의 키, 몸무게를 입력받아 성별을 잘 예측하고 싶다면, 배구 선수들의 데이터로만 학습하는 것이 더 효과적일 것입니다.

학습 데이터가 불균형한 경우 '데이터 샘플링(Data Sampling)'이 필요하기도 합니다. 위와 같이 한국인의 키, 몸무게를 입력받아 그 사람의 성별을 예측하는 인공지능 모델을 학습한다고 합시다. 이때 여성의 키, 몸무게 데이터는 쉽게 구했는데 남성의 데이터는 많이 구하지 못해 학습 데이터의 대부분이 여성이라고 가정합시다. 그렇다면 인공지능 모델은 키, 몸무게를 고려해 성별을 예측하는 방법을 학습하는 것이 아니라 '무조건 여성이라고 예측하면 대부분 정답이다'라는 사실을 학습하게 됩니다. 이러한 모델은 전혀 쓸모가 없겠죠. 이를 방지하기 위해 여성 데이터와 남성 데이터의 균형을 맞춰야 합니다. 여성 데이터를 모두 쓰지 않고, 임의로 남성 데이터의 수만큼만 샘플링해 사용하면 모델이 좀 더 균형 잡힌 예측을 할 수 있게 됩니다.

2

인공지능의
공부 비법

정답을 알려 주고 학습하는 지도 학습

'지도 학습(Supervised Learning)'은 입력 데이터와 정답을 알려 주고 학습하는 방식입니다. 대표적으로 객관식 문제 같은 '분류 (Classification) 과제'와 수학 단답형 문제 같은 '회귀(Regression) 과제'가 있습니다. 분류 과제는 주어진 선택지 내에서 답을 고르는 과제로, 선택지 2개 중 1개를 선택하는 과제면 '이진 분류 (Binary Classification)', 선택지 3개 이상 중 1개를 선택하는 과제 면 '다중 분류(Multi-Class Classification)', 선택지 내에서 복수 선택이 가능하면 '다중 레이블 분류(Multi-Label Classification)'라고 부릅니다.

예를 들어, 한 사람의 사진을 입력하면 그 사람이 한국 국적인지 아닌지 분류하는 인공지능 모델은 이진 분류 과제를 수행하는 것입니다. 한 사람의 사진을 입력하면 그 사람의 국적이 한국, 미국, 일본, 중국 등 여러 나라 중 어느 국적인지 분류하는 인공지능 모델은 다중 분류 과제를 수행하는 것입니다. 한 사람의 사진을 입력하면 그 사람의 국적이 한국, 미국, 일본, 중국 등 여러 나라 중 어느 국적인지를 중복을 허락해 분류하는 인공지능 모델은 다중 레이블 분류 과제를 수행하는 것입니다. 이중국적자도 잘 분류하려면 다중 레이블 분류 과제로 정의해야겠죠.

회귀는 하나의 숫자를 답하는 과제입니다. 한 학생의 공부 패턴을 입력하면 그 학생의 수학 기말고사 점수를 예측한다거나, 오늘의 급식 메뉴를 입력하면 학생들의 평균 평점을 예측하는 과제 등이 회귀 과제에 해당합니다. 그런데 회귀는 분류 과제로 변형할 수도 있습니다. 예를 들어, 기말고사 점수를 예측하는 과제에서 기말고사 점수를 0~10점, 10~20점, … 90~100점, 이렇게 10개의 구간으로 나누고 이 10개의 선택지 중 1개를 고르는 과제로 변형하면 분류 문제가 됩니다. 모델의 활용 방법이나 데이터 분포에 따라 회귀를 분류 과제로 변형하는 것이 더 유리할 수도 있고, 그 반대일 수도 있습니다.

지도 학습은 가장 기초적이고 가장 널리 사용되는 학습 방법입니다. 그러나 입력과 정답 쌍으로 이루어진 데이터가 아주 많아야 학습을 시작할 수 있습니다. 현실적으로 정답이 있는 대용량 데이터를 직접 구하긴 어렵습니다. Kaggle[1], AI 허브[2], 국립국어원 모두의 말뭉치[3] 등의 사이트에는 인공지능 학습에 활용할 수 있는 다양한 데이터가 업로드되어 있습니다. 이러한 사이트에서 찾을 수 없는 데이터가 필요하면 여러 사람을 모아 정답 데이터를 만들도록 하는 크라우드소싱(Crowdsourcing)을 통해 데이터를 구축하기도 합니다.

정답 없이 학습하는 비지도 학습

인공지능은 답을 알려 줘야만 학습할 수 있는 걸까요? 꼭 그렇지는 않습니다. 비지도 학습(Unsupervised Learning)을 통해 인공지능은 주어진 정답 없이도 학습할 수 있습니다. 비지도 학습은 데이터 내부의 패턴, 유사성, 구조 등을 스스로 학습하는 방식입니다. 비지도 학습의 예시로는 차원 축소(Dimensionality Reduction), 군집화(Clustering) 등이 있습니다. 차원 축소는 고차원 데이터를 저차원으로 변환하는 과제입니다. 사람은 4차원 이상의 데이터를 볼 수 없기 때문에, 주로 고차원 데이터를 시각화하고 싶을 때 차원 축소를 사용합니다.

군집화는 입력 데이터를 비슷한 데이터끼리 하나의 그룹으로 묶는 과제입니다. K-평균 클러스터링(K-Means Clustering)은 가장 널리 사용되는 군집화 방식입니다. K-평균 클러스터링을 이용하면 주어진 데이터를 K개의 그룹으로 나눌 수 있습니다. 예를 들어, 100명의 학생을 영어, 수학 점수로 이루어진 2차원 벡터로 나타낸 후 K를 4로 설정하여 K-평균 클러스터링을 시행하면, 100명의 학생을 4개의 그룹으로 나눌 수 있습니다. 같은 그룹에 속한 학생들끼리는 성적 패턴이 유사합니다.

여러 개의 벡터와 적당한 그룹의 개수인 K만 주어지면, K-평균 클러스터링을 시작할 수 있습니다. 우선 임의로 K개의 벡터를 선택해 이들을 중심(Centroid)으로 설정합니다. 나머지 벡터는 이렇게 설정된 4개의 중심 중 가장 가까운 중심을 선택하고 그 중심의 그룹에 속하게 됩니다. 모든 벡터가 4개의 그룹으로 나뉘면, 각 그룹의 중심을 다시 계산합니다. 이때 중심은 그 그룹에 속한 벡터들의 평균 벡터가 됩니다. 이제 계속해서 이 과정을 반복합니다. 새롭게 4개의 중심이 만들어졌으므로, 다시 모든 벡터가 4개의 중심 중 가장 가까운 중심을 선택하고 그 중심의 그룹에 속하게 됩니다. 모든 벡터가 새로운 4개의 그룹으로 나뉘면, 각 그룹의 중심을 다시 계산합니다. 이 과정을 계속 반복하다가 4개의 중심이 더 이상 변하지 않는 순간이 오면 멈춥니다.

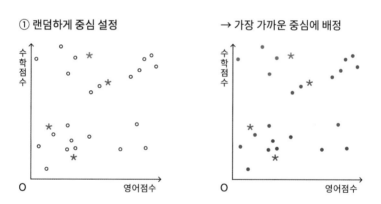

① 랜덤하게 중심 설정   → 가장 가까운 중심에 배정

② 각 그룹의 중심 다시 계산

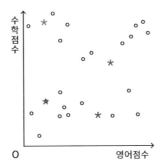

→ 가장 가까운 중심에 배정

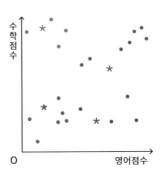

... (n번 반복)

ⓝ 각 그룹의 중심 다시 계산

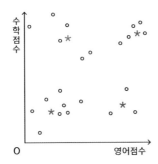

→ 가장 가까운 중심에 배정

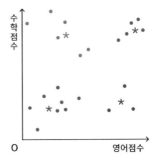

당근과 채찍으로 학습하는 강화 학습

여러분은 혹시 반려견을 키우고 있나요? 강아지에게 '앉아'를 가르치고 싶으면 어떻게 하세요? '앉아'라고 말했을 때 강아지가 앉는다면 간식을 주고, 앉지 않는다면 간식을 주지 않으면서 가르칩니다. 강화 학습(Reinforcement Learning)도 같은 방식으로 인공지능을 학습시킵니다. 이세돌을 이긴 알파고가 강아지와 같은 방식으로 학습했다는 사실이 신기하지 않나요?

'앉아'를 학습한 반려견의 모습

강화 학습은 크게 에이전트(Agent), 환경/상황(Environment), 행동(Action), 보상(Reward)으로 이루어집니다. 주어진 상황에서 에이전트가 어떤 행동을 했을 때 적절한 행동이라면 보상을 주고, 적절하지 않은 행동이라면 보상을 주지 않습니다. 에이전트는 각 상황에서 어떤 행동을 취하면 최종적으로 얼만큼의 보상을 받을 수 있는지를 학습합니다. 그러면 에이전트는 현재 상황에서 어떤 행동을 해야 최종적으로 가장 많은 보상을 받을지 예측할 수 있고, 가장 많은 보상을 받을 수 있는 행동을 취합니다. 행동 후에는 또 상황이 바뀌므로 새로운 상황에서 다시 가장 많은 보상을 받을 수 있을 행동을 예측해 그 행동을 취하는 과정을 반복합니다.

강화 학습을 진행할 때는 보상을 잘 정의하는 것이 중요합니다. 예를 들어, 강화 학습으로 보트 경주 게임을 하는 인공지능 모델을 학습시켰습니다. 이 게임의 원래 목표는 다른 보트보다 빠르게 트랙을 완주하는 것입니다. 그런데 이 게임의 점수 체계는 완주와 직접적인 관련이 없습니다. 트랙 중간 중간에 타깃이 놓여 있고 이들을 건드리면 점수를 얻게 됩니다. 이 게임의 점수 체계를 그대로 강화 학습의 보상으로 정의해 학습을 진행했더니, 인공지능 모델은 빠르게 트랙을 완주하는 것이 아니라, 제자리를 맴돌며 하나의 타깃을 계속해서 터치하며 높은 점수를 얻었습니다.[4] 이렇게 강화 학습에 사용되는 보상을 잘못 정의하면, 우리가 원치 않는 방식으로 행동할 수 있습니다.

강화 학습은 주로 체스, 바둑 등 게임을 수행하는 인공지능, 자율 주행 인공지능, 로봇 제어 인공지능에 많이 사용됩니다. 최근에는 ChatGPT 학습에도 강화 학습이 사용됩니다. ChatGPT에 대한 자세한 내용은 3장에서 더 알아봅시다.

미분과
경사 하강법

　인공지능 모델이 '학습'한다는 것은 무엇을 의미할까요? 인공지능 모델은 학습을 통해 수많은 매개변수(Parameter)의 값을 조정합니다. 지도 학습의 경우 주어진 정답에 최대한 가까운 값을 예측할 수 있도록 매개변수를 조정하는 과정이 학습 과정입니다. '정답에 가까워진다'는 '정답과의 오차가 작아진다'와 같은 의미이기 때문에, 인공지능 모델의 학습 과정은 오차를 최소화하는 방향으로 매개변수를 조정하는 과정이기도 합니다. 그런데 이게 어떻게 가능한 걸까요? 매개변수를 키워야 오차가 작아지는지, 줄여야 오차가 작아지는지를 어떻게 알 수 있을까요? 비밀은 수학 시간에 배운 '미분'에 있습니다.

　x축은 매개변수, y축은 정답과의 오차로 정의하면 아래와 같은 그래프가 나온다고 합시다. 미분을 이용하면 특정한 점, 즉 현재 매개변수에서의 접선의 기울기를 구할 수 있습니다. 현재 매개변수에서의 접선의 기울기가 양수라면, 즉 접선이 우상향하는 직선이라면 왼쪽으로 가

야 오차의 최솟값을 향해 가는 것입니다. 따라서 매개변수의 값을 줄여야 합니다. 접선의 기울기가 음수라면, 즉 접선이 우하향하는 직선이라면 오른쪽으로 가야 오차의 최솟값을 향해 가는 것입니다. 따라서 매개변수의 값을 키워야 합니다. 이렇게 미분을 통해 접선의 기울기를 알 수 있고, 접선의 기울기를 통해 오차를 최소화하려면 매개변수의 값을 더 크게 조정해야 할지, 작게 조정해야 할지 판단할 수 있습니다. 이를 '경사 하강법(Gradient Descent)'이라고 합니다. 수학 시간에 배운 미분이 인공지능 학습에도 활용된다는 사실이 신기하지 않나요?

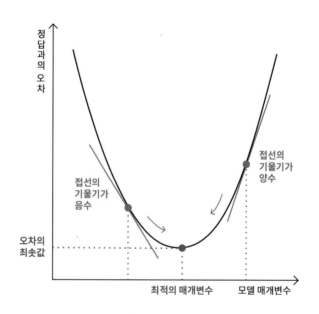

수학 시간에 배웠다시피 불연속 함수는 미분할 수 없습니다. 그런데 얼마나 많은 정답을 맞혔는지를 측정하는 정확도는 불연속 함수입니다. 특정 매개변수의 값을 가질 때는 10문제 중 3개를 맞혔다가, 매개변수의 값을 조금 조정했더니 10문제 중 5개를 맞힐 수는 있습니다. 그러나 절대 10문제 중 3.2개나 4.9개를 맞힐 수는 없기 때문입니다. 그래서 인공지능은 정확도를 최대화하는 매개변수를 찾아 학습하지 않고, 오차를 최소화하는 매개변수를 찾아 학습합니다. 오차를 정의할 때도 미분 가능한 형태로 정의하는 것이 중요합니다.

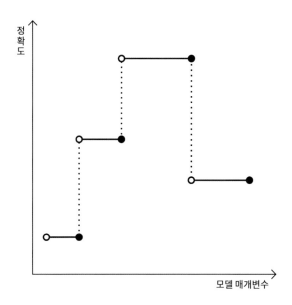

3
인공지능의
시험 성적표

인공지능이 얼마나 잘 학습했는지 평가하려면 어떻게 해야 할까요? 바로 시험을 보면 됩니다. 여러분이 공부한 후에 시험을 보는 것과 같은 이치입니다. 그런데 문제집에서 봤던 문제와 똑같은 문제가 시험에 출제된다면, 이걸 시험이라고 볼 수 있을까요? 진짜 이해하고 그 문제를 풀이한 것이 아니라, 문제의 답을 외우기만 하면 되니 이런 문제를 맞히는 건 의미가 없습니다. 그래서 인공지능을 학습하기 위해 모은 데이터는 일반적으로 80%는 학습용, 나머지 20%는 시험용으로 나눕니다.

시험용으로 정해진 데이터는 학습할 때 절대 사용하지 않습

일반적인 시험 답안지의 모습

니다. 이렇게 미리 떼어 놓은 20%의 데이터로 시험을 보면 인공지능이 얼마나 잘 학습했는지 제대로 평가할 수 있습니다.

몇 문제 맞혔니? 정확도

그렇다면 시험 결과는 어떻게 채점하면 좋을까요? 가장 쉽게는 여러분의 시험 점수를 계산하는 방식을 사용하면 됩니다. 전체 문제 중 맞힌 문제의 비율을 구하는 방식입니다. 이러한 방식의 인공지능 성적표를 '정확도(Accuracy)'라고 합니다. 모든 문제를 틀리면 0.0, 모든 문제를 맞히면 1.0이 됩니다.

그런데 이 방식에는 문제가 있습니다. 여러분의 시험 문제는 선생님들이 심사숙고해 출제한 문제입니다. 그래서 계속 같은 답이 반복되는 일은 잘 일어나지 않죠. 객관식 문제라면 선생님들은 1번에서 5번까지 답이 고루 분포하도록 출제합니다. 하지만 인공지능의 시험 문제는 항상 정제되어 있지는 않습니다. 인공지능은 항상 3번으로만 찍어도 90점을 넘길 수 있는 시험지를 받기도 합니다.

예를 들어, 보드게임 할리갈리를 하는 인공지능 로봇을 만들었다고 합시다. 할리갈리는 딸기, 바나나, 라임 등 다양한 과일이 1개에서 5개까지 그려진 카드로 하는 보드게임입니다. 순서대로 한 명씩 자신의 카드를 뒤집으면서 공개하는데, 이때 뒤집어진 카드에 같은 종류의 과일이 5개가 되면 누구보다 빠르게 종을 쳐야 합니다. 만약 5개가 아닌데 잘못 종을 치면 벌칙으로 카드를 빼앗깁니다. 가장 많은 카드를 가지고 있는 사람이 최종 승자가 됩니다. 그래서 이 로봇은 정확히 같은 종류의 과일이

보드게임 할리갈리에 사용되는 종의 모습

5개일 때 종을 치도록 학습되었습니다. 이 로봇이 얼마나 잘 학습했는지 평가해 봅시다.

할리갈리 게임 중에는 뒤집어진 카드에 같은 종류의 과일이 5개인 경우보다 그렇지 않은 경우가 훨씬 더 많습니다. 이렇게 불균형한 데이터로 평가할 때는 정확도만으로 평가하는 것은 좋은 선택이 아닙니다. 이 로봇이 절대 종을 치지 않고 가만히 있어도 정확도 자체는 매우 높을 수 있기 때문입니다. 로봇을 평가하기 위한 게임에서 같은 종류의 과일이 5개인 경우가

20번, 그렇지 않은 경우가 80번이었다고 했을 때, 로봇이 절대 종을 치지 않고 가만히 있어도 정확도는 $\frac{80}{(20 + 80)}$으로 0.8에 달합니다. 그러나 그 어떤 경우에도 종을 치지 않기 때문에, 이 로봇은 할리갈리를 잘한다고 보기 어렵습니다.

3번으로만 찍으면 안 돼! 정밀도, 재현율, F1

이럴 때는 '재현율(Recall)'을 확인해야 합니다. 재현율이란, "실제 참인 데이터 중 인공지능도 참으로 예측한 비율"입니다. 예시에 대입해 보면 "실제로 같은 종류의 과일이 5개인 경우 중 로봇이 종을 친 비율"이 되겠죠. 재현율 역시 정확도처럼 최솟값은 0.0, 최댓값은 1.0입니다. 만약 인공지능이 절대 종을 치지 않는다면, 재현율은 $\frac{0}{20}$으로 0.0이 됩니다. 이렇게 정확도는 높지만, 재현율은 0.0인 것을 보면 이 인공지능 로봇이 잘못되었다는 것을 판단할 수 있습니다.

하지만 재현율도 완벽하진 않습니다. 재현율이 높은 것만 확인했다가 또다시 쓸모없는 인공지능 로봇을 똑똑한 로봇으로 착각할지 모릅니다. 재현율을 높이기 위해 이번에는 모든 경우에 종을 쳤다고 합시다. 그러면 재현율은 $\frac{20}{20}$으로 1.0이 됩니다. 재현율이 가질 수 있는 최고 점수를 얻은 것이죠. 하지만 이 로봇은 같은 종류의 과일이 5개가 아니어도 종을 계속 쳐서 빠르게 모든 카드를 빼앗길 것입니다. 이때 필요한 것이 '정밀도(Precision)'입니다. 정밀도는 "인공지능이 참으로 예측한 데이터 중 실제 참인 데이터의 비율"입니다. 예시에 대입해 보면 "로봇이 같은 종류의 과일이 5개라고 판단해 종을 친 경우 중 실제 같은 종류의 과일이 5개인 비율"이 되므로, 무조건 종을 치는 경우 정밀도는 $\frac{20}{(20+80)}$, 즉 0.2에 불과합니다. 정밀도 역시 최솟값은 0.0, 최댓값은 1.0이므로, 0.2라는 수치는 매우 낮다고 볼 수 있겠죠.

결론적으로 불균형한 평가 데이터로 인공지능 모델을 평가할 때는, 정확도뿐만 아니라 정밀도와 재현율 모두를 고려해야 합니다. 그런데 정밀도와 재현율, 이렇게 두 가지 점수를 함께 고려하기는 귀찮습니다. 1번 로봇은 정밀도가 높고 2번 로봇은 재현율이 높으면, 둘 중 어떤 모델이 더 좋은 걸까요? 정밀도와 재현율 이 둘을 한꺼번에 고려할 수 있는 F1을 계산해 비교하면 됩니다. F1은 정밀도와 재현율의 조화 평균입니다. 분류 과제를 풀도록 학습한 인공지능은 대부분 이 F1 점수를 기준으로 평가합니다. F1은 정밀도, 재현율, 정확도 모두와 마찬가지로 최솟값은 0.0, 최댓값은 1.0입니다.

$$F1 \ = \ \cfrac{2}{\cfrac{1}{정밀도} + \cfrac{1}{재현율}}$$

한눈에 들어오는 성적표, 혼돈 행렬

'혼돈 행렬(Confusion Matrix)'은 정확도, 정밀도, 재현율, F1 이 모든 점수를 한눈에 볼 수 있는 표입니다. 여기서는 정답이 참(Positive)과 거짓(Negative) 두 가지만 있는 분류 문제, 즉 이진 분류의 혼돈 행렬만 다루겠습니다.

혼돈 행렬은 True Positive, True Negative, False Positive, False Negative로 이루어집니다. 여기서 첫 번째 단어인 True 또는 False는 인공지능 모델 예측 결과와 실제 정답이 일치하는지 여부입니다. 일치하면 True, 불일치하면 False입니다. 두 번째 단어인 Positive 또는 Negative는 모델 예측 결과입니다. 인공지능 모델이 참으로 예측했으면 Positive, 거짓으로 예측했으면 Negative입니다. 따라서 True Positive는 인공지능 모델이 참으로 예측했고 실제 정답도 참인 경우, True Negative는 인공지능 모델이 거짓으로 예측했고 실제 정답도 거짓인 경우, False Positive는 인공지능 모델이 참으로 예측했지만 실제 정답은 거짓인 경우, False Negative는 인공지능 모델이 거짓으로 예측했지만 실제 정답은 참인 경우입니다. 이것을 표로 정리하면 다음과 같습니다.

	모델 예측이 거짓	모델 예측이 참
실제 정답이 거짓	True Negative	False Positive
실제 정답이 참	False Negative	True Positive

혼돈 행렬을 보면서 정확도, 정밀도, 재현율을 다시 계산해 봅시다. 정확도는 전체 문제 중에서 맞은 문제의 비율이었습니다. 따라서 정확도는 다음과 같습니다.

$$\frac{(True\ Positive\ +\ True\ Negative)}{(True\ Negative\ +\ False\ Positive\ +\ False\ Negative\ +\ True\ Positive)}$$

정밀도는 인공지능 모델이 참으로 예측한 데이터 중 실제 참인 데이터의 비율이었습니다. 따라서 정밀도는 다음과 같습니다.

$$\frac{(True\ Positive)}{(False\ Positive\ +\ True\ Positive)}$$

재현율은 실제 참인 데이터 중 인공지능 모델도 참으로 예측한 데이터의 비율이었습니다. 따라서 재현율은 다음과 같습니다.

$$\frac{(True\ Positive)}{(False\ Negative\ +\ True\ Positive)}$$

" 토론거리

- 직접 보드게임 할리갈리를 하며 여러분의 정확도, 정밀도, 재현율을 계산해 봅시다.
- 보드게임 할리갈리뿐만 아니라, 여러분의 일상에서 정확도만으로 평가하면 안 될 데이터는 무엇이 있을지 생각해 봅시다.

정밀도와 재현율의
상충 관계

눈치챈 분들이 있을지 모르겠지만, 정밀도와 재현율은 서로 상충 관계(Trade-off)입니다. 일반적으로 정밀도를 높이면 재현율이 낮아지고, 재현율을 높이면 정밀도가 낮아진다는 의미입니다. 왜 그럴까요?

다시 할리갈리의 예시로 생각해 봅시다. 재현율을 높이려면 일단 종을 많이 쳐야 합니다. 같은 종류의 과일이 5개인 모든 경우를 놓쳐서는 안 되기 때문입니다. 하지만 종을 많이 치다 보면 정밀도가 낮아집니다. 정밀도는 종을 친 횟수 대비 정말 같은 종류의 과일이 5개인 횟수의 비율이기 때문입니다.

인공지능이 풀고자 하는 과제의 목표에 따라 정밀도를 더 중요시할 수도 있고, 재현율을 더 중요시할 수도 있습니다. 예를 들어, 인공지능 판사가 피고를 유죄 또는 무죄로 분류한다고 합시다. 이때 범인을 붙잡는 것도 중요하지만, 억울하게 누명을 쓰는 사람이 없는 것이 더 중요

정밀도와 재현율은 하나를 높이면 다른 하나는 낮아지는 상충 관계다.

하다면 정밀도를 더 중요시해야 합니다. 정밀도는 인공지능 판사가 유죄로 판정한 피고 중 실제 범인이 맞는 비율이기 때문입니다. 하지만 누명을 쓴 사람이 생겨도 무조건 많은 범인을 붙잡고 싶다면 재현율을 더 중요시해야 합니다. 재현율은 실제 범인 중 인공지능 판사가 유죄로 판정한 비율이기 때문입니다.

피고를 유죄 또는 무죄로 분류하기 위해 인공지능 판사는 '피고가 유죄일 확률'을 예측합니다. 정밀도를 중요시한다면 피고가 유죄일 확률이 0.8 이상으로 아주 높아야만 최종 유죄로 분류합니다. 반대로 재현율을 중요시한다면 피고가 유죄일 확률이 0.2만 넘어도 모두 유죄로 분류합니다. 이렇게 분류의 임계값(Threshold)을 조정하며 정밀도를 높일지, 재현율을 높일지 결정할 수 있습니다.

정밀도와 재현율 모두를 높이는 것은 어려운 경우가 많습니다. 따라서 인공지능 모델을 평가할 때, 인공지능 모델을 학습하는 목표를 정의하고, 이를 잘 반영할 수 있는 평가 기준을 선택하는 것이 중요합니다.

번역 인공지능의 성적표, BLEU

지금까지 본 인공지능의 성적표는 분류 과제에만 해당하는 것이었습니다. 그런데 구글 번역, 파파고 등 번역 인공지능은 어떻게 평가하는 걸까요?

번역 모델은 주로 BLEU(BiLingual Evaluation Understudy)라는 평가 기준을 활용합니다. 번역 모델이 생성한 문장과 정답으로 주어진 사람이 번역한 문장이 얼마나 유사한가를 계산하는 방식입니다. BLEU는 기본적으로 N-gram의 정밀도를 사용합니다. N-gram이란 N개의 연속적인 단어 묶음입니다.

예를 들어, "나는 시험 보기 싫어"라는 문장에서 1-gram(Unigram)은 [(나는), (시험), (보기), (싫어)], 2-gram(Bigram)은 [(나는 시험), (시험 보기), (보기 싫어)], 3-gram(Trigram)은 [(나는 시험 보기), (시험 보기 싫어)]입니다. 그래서 N-gram의 정밀도를 사용했다는 의미는, 번역 모델이 생성한 문장의 N-gram 중 정답으로 주어진 문장의 N-gram에도 속하는 비율을 의미하겠죠.

  예를 들어, 번역 모델은 "나는 시험 보기 싫어"라는 문장을 생성했고, 정답으로 주어진 문장은 "나는 시험 치기 싫어"라고 합시다. 이때 1-gram 정밀도는 "번역 모델이 생성한 문장의 1-gram 중 정답으로 주어진 문장의 1-gram에도 속하는 것의 개수"를 "번역 모델이 생성한 문장의 1-gram의 개수"로 나눈 것입니다. 번역 모델이 생성한 문장의 1-gram은 [(나는), (시험), (보기), (싫어)]로 4개이고, 정답으로 주어진 문장의 1-gram은 [(나는), (시험), (치기), (싫어)]이므로 겹치는 1-gram은 (나는), (시험), (싫어)로 3개입니다. 따라서 $\frac{3}{4} = 0.75$가 1-gram 정밀도가 됩니다.

  기본적으로는 N-gram 정밀도를 사용하지만, 비문법적인 문장이나 지나치게 짧은 문장에 BLEU 점수를 높게 주는 것을 방지하기 위해 약간의 수정을 가합니다. 어쨌든 번역처럼 복잡한 과제를 평가할 때도 정밀도가 사용된다는 사실이 재미있지 않나요?

인공지능과
체리의 상관관계

인공지능 모델의 평가는 크게 정량평가와 정성평가로 나눌 수 있습니다. 정량평가는 모델의 성능을 하나의 숫자로 나타냅니다. 앞서 살펴본 정확도, F1, BLEU 등이 정량평가의 지표가 될 수 있습니다. 정량평가를 하면 다양한 모델의 성능을 손쉽게 비교할 수 있다는 장점이 있습니다. 하지만 정량평가의 지표도 완벽하지 않습니다. 쉬운 문제만 잘 맞혀서 정량평가가 잘 나왔는지, 번역은 의미에 맞게 잘했는데 운이 나빠서 정답으로 주어진 사람이 번역한 문장과 겹치는 단어가 하나도 없었는지 알 수 없기 때문입니다. 그래서 사람이 직접 모델의 결과를 보고 판단하는 정성평가도 함께 이루어져야 합니다. 여러분의 중간고사, 기말고사에 객관식 문제뿐만 아니라 서술형 문제도 있는 것과 같은 이치입니다.

그렇다면 정성평가는 어떻게 진행해야 할까요? 인공지능 모델은 주로 논문을 통해 발표되는데, 이 논문에 저자가 보여주는 몇 가지 예시

체리 피킹을 비판적으로 바라보는 자세가 필요하다.

를 보고 평가해 볼 수 있습니다. 그런데 논문에 발표할 모델이 완벽하진 않아서 어떤 예시에서는 기가 막힌 결과를 보여 주는데, 또 다른 예시에서는 아쉬운 결과를 보여 준다면 어떨까요? 양심적인 저자라면 이두 가지 예시 모두를 논문에 싣겠지만, 욕심쟁이 저자라면 기가 막힌결과만 싣고 싶지 않을까요? 욕심쟁이 저자가 저지를 만한 이 행위를'체리 피킹(Cherry Picking)'이라고 부릅니다.

'체리 피킹'은 자신에게 유리한 것만 선택하는 행위를 말합니다. 이용어는 체리를 수확할 때 크고 잘 익은 체리만 따고 나머지 체리는 거

들떠보지도 않는 행동에서 유래되었다고 합니다. 다양한 분야에서 사용되는 용어인데, 인공지능 분야에서 사용되면 주로 성능이 좋은 예시만 보여주는 행위를 가리킵니다. 새로운 인공지능 모델이 쏟아지는 이 시기에, 몇 가지 예시만 보고 놀라는 대신 체리 피킹이 아닌지 비판적으로 바라보는 시각이 필요합니다.

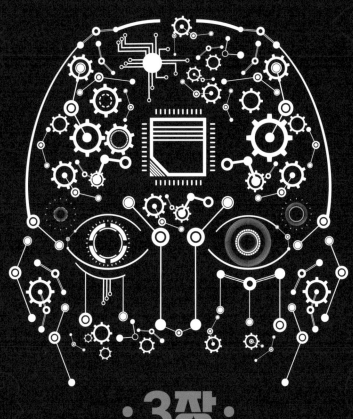

·3장·

인공지능에는
어떤 것이 있나요?

1

언어학이
인공지능에 미친 영향

여러분은 문과인가요, 이과인가요? 최근에 "난 문과라서 수학 잘 몰라", "난 이과라서 언어 능력이 부족해" 등 문과와 이과의 차이를 강조하는 추세가 강한데요. 그런데 실제로 문과의 영역으로 여겨지는 언어학이 이과의 영역으로 여겨지는 인공지능에 엄청난 공헌을 했다는 사실을 알고 있나요?

2장에서 인공지능은 숫자밖에 모르는 바보라서, 숫자가 아닌 데이터는 숫자로 바꿔줘야 한다고 했습니다. 그래서 단어를 벡터로 변환하는 방식 중 하나인 원핫인코딩을 소개했는데, 사실 아쉬운 점이 많이 있습니다. 단어의 종류만큼 벡터의 길이가

길어지는 것도 아쉽지만, 이왕이면 의미가 유사한 단어일수록 유사한 벡터로 표현되면 더 좋지 않을까요? '국어'와 '영어'라는 단어는 '국어'와 '떡볶이'보다 유사합니다. 단어 '국어'를 나타내는 벡터가 '영어'를 나타내는 벡터와 더 유사하고, '떡볶이'를 나타내는 벡터와는 덜 유사하면 여러모로 좋을 것 같습니다. 그러면 어떤 문장이 시험 과목에 관한 내용인지, 음식에 관한 내용인지 쉽게 분류할 수 있을 것입니다.

하지만 원핫인코딩으로 각 단어를 벡터로 나타내면 '국어' 벡터와 '영어' 벡터 사이의 코사인 유사도도, '국어' 벡터와 '떡볶이' 벡터 사이의 코사인 유사도도 모두 0으로 동일합니다. 단어의 의미가 전혀 반영되지 않는 것이죠.

그런데 '단어의 의미'란 무엇일까요? '국어'와 의미가 유사한 단어는 또 어떤 것이 있나요? '국어'와 '영어', '국어'와 '한국어' 모두 유사한 단어쌍이라면 어떤 쌍이 얼만큼 더 유사하다고 볼 수 있나요? 끝없는 논의로 빠져 버릴 수 있는 이 질문에, 실용적인 답을 제시한 것이 언어학의 분포가설(Distributional Hypothesis)입니다.

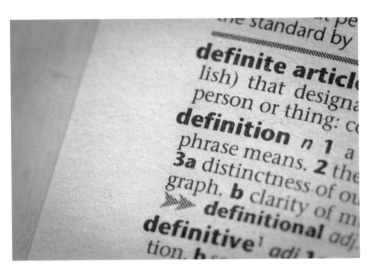

단어의 의미란 무엇일까?

분포가설은 단어의 의미가 그 단어가 사용되는 문맥에 의해 결정된다는 가설입니다. 근처에 유사한 단어들이 쓰인다면, 의미도 유사하다는 뜻입니다. 예를 들어, '국어'라는 단어 주변에 '점수', '문제집', '선생님' 등의 단어가 많이 쓰이고 '영어'라는 단어 주변에도 '점수', '문제집', '선생님' 등의 단어가 많이 쓰인다면 '국어'와 '영어'의 의미는 유사하다고 볼 수 있습니다. 반면, '떡볶이'라는 단어 주변에 '점수', '문제집', '선생님' 등의 단어가 거의 쓰이지 않는다면 '떡볶이'는 '국어'나 '영어'와 크게 관련 없는 단어라는 걸 알 수 있습니다.

단어로 덧셈과 뺄셈 하기, Word2vec

Word2vec은 이러한 분포가설을 적용해 단어를 벡터로 변환합니다. 의미가 유사하면, 즉 단어가 사용되는 문맥이 유사하면 비슷한 벡터로 변환하는 방식입니다.

우리가 단어 '국어'의 의미를 담은 벡터를 만들고 싶다면, 우선 단어 '국어'의 벡터를 임의의 값으로 채워 넣어 초기화합니다. 그리고 단어 '국어' 주변에 어떤 단어가 나올 것인지 예측하도록 학습합니다. 예를 들어, '점수'라는 단어는 '국어' 주변에 충분히 등장할 수 있습니다. 그러나 '떡볶이'라는 단어는 '국어' 주변에 많이 등장하지 않을 것입니다. 단어 '국어'가 주어졌을 때 주변에 '점수'는 올 만하고 '떡볶이'는 올 만하지 않은 것으로 분류하도록 '국어'의 벡터값을 조정합니다. 이렇게 학습하다 보면 '국어'처럼 '점수' 주변에 등장하고 '떡볶이' 주변에는 등장하지 않는 '영어'의 벡터와 '국어'의 벡터는 유사해집니다.

이때 '떡볶이'처럼 문맥에 등장하지 않는 '반대 예시(Negative Example)'는 '국어' 주변에 등장하지 않는 단어라면 모두 될 수 있는데, 주변에 등장하지 않는 모든 단어를 반대 예시로 두고 학습하기에는 비효율적입니다. 이를 위해 '일부 반대 예시를 추출하는 기법(Negative Sampling)'이 사용됩니다. 간단히 설명하자면 '국어' 주변에 등장하지 않는 단어들 중에서 임의로 몇 개 단어를 뽑는데, 이때 빈도수가 높은 단어는 뽑힐 확률을 조금 낮추고, 빈도수가 낮은 단어는 뽑힐 확률을 조금 높입니다. 이러한 방식으로 너무 빈도수가 높은, 그래서 큰 의미가 없는 '나, 너, 야, 이, 그, 저' 등의 단어만 잔뜩 뽑히지 않도록 조정합니다.

Word2vec 학습 방식의 최대 장점은 정답 데이터를 따로 만들어 줄 필요가 없다는 점입니다. 예를 들어, 감정 분류 인공지능을 학습하려면 "이 영화는 정말 재미없어요"라는 문장의 정답은 부정, "이 영화 정말 추천해요"라는 문장의 정답은 긍정 등 문장과 정답 데이터 쌍이 매우 여러 개 필요합니다. 그러나 Word2vec은 문장만 있으면 학습 데이터가 완성됩니다. 문장 내 가까이 있는 단어들끼리는 주변에 등장하는 것으로, 멀리 있는 단어들끼리는 주변에 등장하지 않는 것으로 보면 되니까요. 문장 데이터는 인터넷에서 끝도 없이 수집할 수 있기 때문에 데이터 확보에 큰 어려움이 없습니다.

이렇게 학습한 단어의 벡터는 신기하게도 계산이 가능합니다. Word2vec으로 학습한 각 단어 벡터를 더하고 빼서 그 의미에 맞는 단어를 찾아낼 수 있는 것입니다.

가장 유명한 예시는 "vector(왕) - vector(남성) + vector(여성) = vector(여왕)"입니다. '왕'의 벡터에서 '남성'의 의미를 빼고 '여성'의 의미를 더하면 '왕은 왕인데 여성인 왕'을 의미하는 '여왕'의 벡터가 됩니다. 이외에도 "vector(프랑스) - vector(파리) + vector(서울) = vector(대한민국)" 등 나라와 수도의 관계를 포착하기도 합니다.

Word2vec은 2013년에 발표되어 아직도 많이 사용되지만,

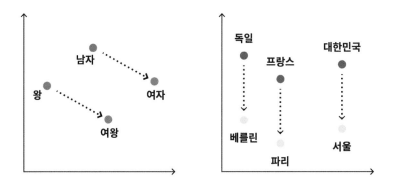

한계도 있습니다. 동음이의어를 처리할 수 없다는 점입니다. 사람의 신체 기관을 의미하는 '배'와 과일 '배'와 바다를 항해하는 '배'는 형태가 같아도 의미는 모두 다릅니다.

Word2vec은 이 세 단어의 차이를 구분하지 못하고 어떨 때는 '배'가 '손', '다리'와 유사하고, 어떨 때는 '배'가 '사과', '딸기'와 유사하고, 어떨 때는 '배'가 '낚시', '바다'와 유사해 혼란스러워하며 애매한 값의 벡터를 학습할 것입니다. 하지만 유의어에는 강점을 보입니다. '공부'와 '학습'처럼 형태는 다르지만, 의미가 유사하면 Word2vec 벡터도 유사하게 나타납니다. 이전에는 '공부'라고 검색하면 꼭 '공부'라는 단어가 포함된 글만 검색 결과로 찾을 수 있었다면, 이젠 '학습'을 포함한 글도 찾을 수 있게 되었습니다.

요점만 공부하자,
불용어

여러분의 교과서에서 가장 많이 나오는 단어 10개를 뽑으면 어떤 단어가 될 것 같나요? 언뜻 생각하면 수학 교과서에선 '계산', '수식' 등 수학 관련 용어가, 한국사 교과서에선 '건국', '전쟁' 등 역사 관련 용어가 많이 나올 것 같습니다. 하지만 사실은 그렇지 않습니다. 대부분의 교과서는 '여러분', '하다', '이것' 등 과목과 크게 관련 없는 일반적인 단어를 가장 많이 사용합니다.

이처럼 매우 자주 사용되지만, 큰 의미는 없는 단어를 '불용어(Stopword)'라고 합니다. 이러한 불용어는 전처리 과정에서 제거하는 것이 인공지능 모델 학습에 도움이 될 수 있습니다. 요점 정리된 노트로 공부하면 더 효율적인 것과 같은 이치입니다. 하지만 어떤 모델을 학습하느냐에 따라서 불용어는 다르게 정의될 수 있습니다. '에게', '로서' 등 사람을 지칭하는 명사 뒤에 붙는 조사는 그 자체로 큰 의미가 있지는 않습니다. 이러한 조사는 대부분 불용어로 정의되어 전처리 과정에서 제거됩니다.

　그런데 Word2vec을 학습할 때 사람 이름끼리 유사한 벡터가 학습
되도록 하고 싶다면 어떨까요? 사람을 지칭하는 단어 뒤에만 '에게'나
'로서'가 올 수 있으므로 이를 제거하지 않아야 사람 이름끼리 더 유사
한 벡터로 학습될 수 있습니다. 이처럼 불용어를 어떻게 정의하느냐에
따라 모델 성능이 크게 달라질 수 있습니다.

추천템으로 덧셈과 뺄셈 하기, Item2vec

Word2vec은 단어 의미를 학습할 때만 사용되지 않습니다. 추천에도 응용할 수 있습니다. 이때는 단어가 아니라 추천할 아이템을 벡터로 표현하기 때문에 'Word2vec'이 아닌 'Item2vec'이라고 부릅니다.

만약 많은 사람이 머라이어 캐리의 〈All I want for Christmas〉를 들은 전후에 웸의 〈Last Christmas〉를 들었다면 이 두 곡은 비슷하다고 볼 수 있지 않을까요? 〈All I want for Christmas〉와 〈Last Christmas〉를 〈All I want for Christmas〉와 〈벚꽃엔딩〉보다 더 자주 함께 들을 것이고, 그러면 이 둘을 더 유사한 곡이라고 볼 수 있습니다. 사용자가 들은 노래의 목록을 문장, 각 노래를 단어로 보고 Item2vec을 학습하면 자주 함께 들은 노래들은 유사한 벡터로 표현됩니다. 이러한 방식으로 유사한 아이템을 학습해, 사용자가 들은 곡과 유사한 곡을 추천해 주는 데 활용할 수도 있습니다.

처음 보는 단어도
끄떡없는 Fasttext

Word2vec에는 동음이의어뿐만 아니라 또 다른 한계가 있습니다. 바로 학습 데이터에 없었던 단어의 벡터는 전혀 알 수 없다는 것입니다. 이를 보완하기 위해 Fasttext가 고안되었습니다. Fasttext는 단어 뿐만 아니라 단어를 쪼갠 형태의 벡터도 학습합니다.

예를 들어, '금수저'라는 단어의 벡터를 학습할 때 '금수저'뿐만 아니라 '금수', '수저', '금', '수', '저'의 벡터들도 학습합니다. '근육'이라는 단어의 벡터를 학습할 때도 마찬가지로 '근육', '근', '육'의 벡터들을 학습합니다. 따라서 학습 데이터에 없었던 '근수저'라는 새로운 단어가 등장해도 이를 쪼갠 '근'과 '수저'의 벡터는 학습되어 있기 때문에 이들의 벡터를 더해서 '근수저'의 벡터로 활용할 수 있습니다. 신조어 '근수저'는 실제로 '많은 근육량을 타고난 사람'을 의미하므로, 단어 '근육'의 '근'과 '부를 타고난 사람'을 의미하는 '금수저'의 '수저'를 합쳐 표현하는 것은 합당해 보입니다.

2

유튜브 알고리즘은
내 취향을 어떻게 알까?

여러분은 유튜브를 즐겨 보나요? 유튜브를 시청하다 보면 "알고리즘에 이끌려 여기까지 왔다", "유튜브 알고리즘이 무섭다"와 같은 댓글이 보이는데요. 그렇다면 이 '유튜브 알고리즘'이란 무엇일까요?

친구의 피드를 참고하는 협업 필터링

일반적으로 추천 인공지능 모델은 '협업 필터링(Collaborative Filtering)' 방식을 사용합니다. 유튜브에서 비슷한 시청 패턴을

내 취향을 알아내는 신기한 유튜브 알고리즘

보이는 사용자들을 찾아서, 한 사용자가 좋아한 영상을 다른 사용자에게 추천해 주는 방식입니다.

다음과 같이 3명의 사용자가 있다고 가정합시다. 사용자가 특정 영상에 '좋아요'를 눌렀으면 1, '싫어요'를 눌렀으면 0, 사용자의 호불호를 모르는 경우 '?'로 채워 넣었습니다. 이때 사용자 A와 사용자 B의 시청 패턴이 매우 유사한 것을 알 수 있습니다. 사용자 B가 판다 영상을 좋아할지 좋아하지 않을지 아직 모르지만, 시청 패턴이 유사한 사용자 A는 좋아했으므로 사용자 B도 좋아할 것으로 생각할 수 있습니다. 따라서 사용자 B에게 판다 영상을 추천해 줍니다.

	고양이 영상	판다 영상	수학 문제 풀이 영상	등산 브이로그	뉴스 영상
사용자 A	1	1	1	0	0
사용자 B	1	?	1	0	0
사용자 C	0	0	0	1	1

그런데 '좋아요' 또는 '싫어요'를 눌러야만 사용자의 호불호를 알 수 있을까요? 직접적으로 '좋아요'를 누르지 않더라도 긴 영상을 한 번도 멈추지 않고 끝까지 보거나, 여러 번 다시 보거나, 다른 사람에게 영상을 공유한다면 그 영상을 좋아하는 것으로 봐도 무방하지 않을까요? 반대로 '싫어요'를 누르진 않았지만, 영상 시작 1초 만에 다른 영상으로 넘어가거나, 중간에 일시정지를 많이 한다면 그 영상을 좋아할 가능성이 작아 보입니다. 하지만 이러한 간접적인 데이터로 사용자의 마음을 정확히 알기는 어렵습니다.

그래서 유튜브는 종종 직접 질문을 던집니다. 유튜브를 보다가 "이 동영상에 대해 어떻게 생각하시나요?"라는 창을 본 적 있나요? 이 창을 통해 사용자가 직접 동영상을 평가하고 왜 그렇게 평가했는지까지 알 수 있습니다. 이러한 데이터로 사용자의 진짜 마음을 알면 더 정확한 추천 모델을 만드는 데 큰 도움이 됩니다. 이렇게 협업 필터링 방식은 사용자의 호불호를 어떻게 정의하느냐에 따라 결과가 크게 달라질 수 있습니다.

유튜브의 "이 동영상에 대해 어떻게 생각하시나요?" 창 예시
출처: https://3min3.tistory.com/961

협업 필터링 방식은 매우 널리 쓰이지만, 물론 단점도 있습니다. 바로 시청 내역이 없는 사용자에게 영상을 추천해 주거나 아직 아무도 시청하지 않은 영상을 추천해 줄 수 없다는 점입니다. 이 문제를 '콜드 스타트(Cold Start)'라고 부릅니다. 시청 내역이 없는 사용자에게 추천하기 위해 서비스에 가입할 때 취향을 물어보는 방법을 쓰기도 합니다. 음악 스트리밍 서비스인 멜론이나 영화 스트리밍 서비스인 왓챠의 경우, 처음 가입한 사용자에게 좋아하는 가수나 영화를 물어보는데, 이는 콜드 스타트를 해결하기 위한 하나의 방법입니다. 아직 아무도 시청하지 않은 영상을 추천해야 할 때는 영상의 내용을 활용합니다. 이제 막 업로드한 판다 영상을 아무도 보지 않아서 누구에게 추천해 줘야 할지 모르겠다면, 판다가 나오는 다른 영상의 데이터를 참고

판다 영상을 좋아하는 사람은 또 어떤 영상을 좋아할까?

해 볼 수 있습니다.

또한, 비인기 영상은 추천되기 어렵다는 단점도 있습니다. 인기 있는 영상은 좋아하는 사람 자체가 많습니다. 여러분과 시청 패턴이 유사한 사람들의 집단 내에서도 인기 영상을 좋아하는 사람이 많이 있겠죠. 따라서 여러분이 인기 영상에 관심이 없더라도 인기 영상을 추천받을 확률이 높아집니다. 비인기 영상은 좋아하는 사람 수 자체가 한정되어 있으므로 다른 사람에게 추천될 확률이 낮습니다. 이를 극복하기 위해 영상의 내용도 추천에 활용할 수 있습니다.

예를 들어, '판다 푸바오가 대나무를 먹는 영상'을 좋아하는 사용자에게 '판다 푸바오가 당근을 먹는 영상'을 추천해 줄 수 있습니다. 협업 필터링 방식만으로는 단순히 인기 있는 다른 푸바오 영상을 추천해 주게 됩니다. 하지만 '푸바오가 무언가 먹는 영상'이라는 내용을 반영한다면, 인기는 조금 없어도 내용상 유사성이 큰 '판다 푸바오가 당근을 먹는 영상'도 추천될 가능성이 커집니다. 이렇게 내용을 반영하면 인기 있는 영상만 추천되는 현상을 어느 정도 극복할 수 있습니다.

행렬 더 알아보기

사용자가 '좋아요'나 '싫어요'를 누르지 않은 영상에 대한 선호를 예측하려면 행렬 계산이 필요합니다. 행렬에 대해 조금 더 알아봅시다.

2장에서 행렬은 벡터의 목록이라고 했습니다. n차원의 벡터 m개를 하나의 목록을 이루어 행렬을 만든다면, 이 행렬에는 총 몇 개의 숫자가 있는 걸까요? n차원의 벡터에는 n개의 숫자가 있고, 이러한 n차원의 벡터가 m개 있으므로 총 n×m개의 숫자가 있습니다. 이렇게 만든 행렬에서 가로줄은 행, 세로줄은 열이라고 부릅니다. 행이 n개, 열이 m개인 행렬은 n행 m열의 행렬이라고 부릅니다.

다음의 행렬 A는 가로줄이 2개, 세로줄이 3개 있으므로 2행 3열의 행렬입니다. 행렬에서 특정 열의 숫자만 가져오면 열벡터, 특정 행의 숫자만 가져오면 행벡터라고 하는데요. 벡터면 차원을 알 수 있겠죠? 벡터의 차원은 벡터에 속한 숫자의 개수이므로 아래 그림에서 열벡터는 2차원, 행벡터는 3차원 벡터가 됩니다. 열벡터는 행의 개수를, 행벡터는 열의 개수를 차원으로 가집니다.

$$A = \begin{pmatrix} a_{11} & a_{12} & a_{13} \\ a_{21} & a_{22} & a_{23} \end{pmatrix} \rightarrow \begin{pmatrix} a_{11} & a_{12} & a_{13} \end{pmatrix}$$

행벡터

$$\downarrow$$

$$\begin{pmatrix} a_{11} \\ a_{21} \end{pmatrix} \quad \text{열벡터}$$

이렇게 만들어진 행렬의 곱셈은 어떻게 계산할까요? 예를 들어, 아래와 같은 2행 3열 행렬인 A와 3행 2열 행렬인 B를 곱하는 경우를 생각해 봅시다.

$$A = \begin{pmatrix} a_{11} & a_{12} & a_{13} \\ a_{21} & a_{22} & a_{23} \end{pmatrix} \quad B = \begin{pmatrix} b_{11} & b_{12} \\ b_{21} & b_{22} \\ b_{31} & b_{32} \end{pmatrix}$$

먼저 쓰인 행렬 A의 1행을 추출한 행벡터와 뒤에 쓰인 행렬 B의 1열을 추출한 열벡터를 내적한 값, 즉 $a_{11} \times b_{11} + a_{12} \times b_{21} + a_{13} \times b_{31}$이 곱셈 결과 행렬의 1행 1열 값이 됩니다. 마찬가지로 행렬 A의 1행을 추출한 행벡터와 행렬 B의 2열을 추출한 열벡터를 내적한 값, 즉 $a_{11} \times b_{12} + a_{12} \times b_{22} + a_{13} \times b_{32}$이 곱셈 결과 행렬의 1행 2열 값이 됩니다. 행렬 A의 2행을 추출한 행벡터와 행렬 B의

1열을 추출한 열벡터를 내적한 값, 즉 $a_{21} \times b_{11} + a_{22} \times b_{21} + a_{23} \times b_{31}$은 곱셈 결과 행렬의 2행 1열 값이, 행렬 A의 2행을 추출한 행벡터와 행렬 B의 2열을 추출한 열벡터를 내적한 값, 즉 $a_{21} \times b_{12} + a_{22} \times b_{22} + a_{23} \times b_{32}$은 곱셈 결과 행렬의 2행 2열 값이 됩니다.

$$A = \begin{pmatrix} a_{11} & a_{12} & a_{13} \\ a_{21} & a_{22} & a_{23} \end{pmatrix} \qquad B = \begin{pmatrix} b_{11} & b_{12} \\ b_{21} & b_{22} \\ b_{31} & b_{32} \end{pmatrix}$$

$$A = \begin{pmatrix} a_{11} & a_{12} & a_{13} \\ a_{21} & a_{22} & a_{23} \end{pmatrix} \qquad B = \begin{pmatrix} b_{11} & b_{12} \\ b_{21} & b_{22} \\ b_{31} & b_{32} \end{pmatrix}$$

$$A = \begin{pmatrix} a_{11} & a_{12} & a_{13} \\ a_{21} & a_{22} & a_{23} \end{pmatrix} \qquad B = \begin{pmatrix} b_{11} & b_{12} \\ b_{21} & b_{22} \\ b_{31} & b_{32} \end{pmatrix}$$

$$A = \begin{pmatrix} a_{11} & a_{12} & a_{13} \\ a_{21} & a_{22} & a_{23} \end{pmatrix} \qquad B = \begin{pmatrix} b_{11} & b_{12} \\ b_{21} & b_{22} \\ b_{31} & b_{32} \end{pmatrix}$$

$$AB = \begin{pmatrix} a_{11}b_{11} + a_{12}b_{21} + a_{13}b_{31} & a_{11}b_{12} + a_{12}b_{22} + a_{13}b_{32} \\ a_{21}b_{11} + a_{22}b_{21} + a_{23}b_{31} & a_{21}b_{12} + a_{22}b_{22} + a_{23}b_{32} \end{pmatrix}$$

일반화해 말해보겠습니다. 먼저 쓰인 행렬의 i행을 추출한 행벡터와 뒤에 쓰인 행렬의 j열을 추출한 열벡터를 내적하면, 곱셈 결과 행렬의 i행 j열 값이 됩니다. 그런데 내적하려면 두 벡터의 차원이 같아야 합니다. 같은 차원에 있는 값끼리 곱한 것을 모두 더하는 것이 내적인데, 곱할 것 없이 혼자 남아 있는 값이 생기면 안 되니까요. 따라서 행렬의 곱셈이 정의되려면 먼저 쓰인 행렬의 i행을 추출한 행벡터의 차원 수, 즉 먼저 쓰인 행렬의 열의 수와 뒤에 쓰인 행렬의 j열을 추출한 열벡터의 차원 수, 즉 뒤에 쓰인 행렬의 행의 수가 같아야 합니다. 2행 3열의 행렬 A와 3행 2열의 행렬 B를 곱할 수는 있어도, 2행 3열의 행렬 A와 2행 3열의 행렬 C는 곱하지 못한다는 의미입니다.

마지막으로 행렬의 '전치(Transpose)'에 대해 알아봅시다. 행렬의 전치는 '전치'를 가리키는 영단어의 앞 글자를 따서 기호 T로 나타냅니다. 행렬을 전치시킨다는 것은 행과 열을 뒤바꾼다는 의미입니다. 원래 행렬의 1행은 전치시킨 행렬의 1열이, 원래 행렬의 2행은 전치시킨 행렬의 2열이 되는 식입니다. 따라서 원래 행렬이 n행 m열의 행렬이었다면 전치시킨 행렬은 m행 n열의 행렬이 됩니다. 이러한 전치는 원래대로라면 정의되지 않는 두 행렬의 곱셈을 성사시킬 수 있게 도와주는 역할을 합니다.

예를 들어, 아까 2행 3열의 행렬 A와 2행 3열의 행렬 C는 곱하지 못한다고 했는데, 행렬 C를 전치시켜 3행 2열로 만들면 곱셈이 정의될 수 있습니다.

$$A^T = \begin{pmatrix} a_{11} & a_{12} & a_{13} \\ a_{21} & a_{22} & a_{23} \end{pmatrix}^T = \begin{pmatrix} a_{11} & a_{21} \\ a_{12} & a_{22} \\ a_{13} & a_{23} \end{pmatrix}$$

취향을 알아내는 행렬 분해

이제 사용자가 '좋아요'나 '싫어요'를 누르지 않은 영상에 대한 선호를 어떻게 예측하는지 알아볼 수 있습니다. 아래의 표는 사용자 3명의 영상 5개에 대한 취향을 담은 3행 5열의 행렬입니다. 이 취향 행렬을 두 행렬의 곱으로 근사해 봅시다.

	고양이 영상	판다 영상	수학 문제 풀이 영상	등산 브이로그	뉴스 영상
사용자 A	1	1	1	0	0
사용자 B	1	?	1	0	0
사용자 C	0	0	0	1	1

여기서 두 행렬은 3명의 사용자를 벡터로 표현해 모아 둔 사용자 행렬, 5개의 영상을 벡터로 표현해 모아 둔 영상 행렬로 정의합시다. 사용자 벡터와 영상 벡터를 몇 차원으로 나타낼지는 여러분 마음입니다.

예를 들어, 10차원으로 나타낸다고 합시다. 그러면 10차원의 사용자 벡터를 3개 모아 3행 10열의 사용자 행렬을, 10차원의 영상 벡터를 5개 모아 5행 10열의 영상 행렬을 만들 수 있습니다. 두 행렬을 곱할 때 먼저 쓰인 행렬의 열과 뒤에 쓰인 행렬의 행 수가 같아야 하므로, 영상 행렬은 전치시켜 10행 5열의 행렬로 잠시 바꿉니다. 이 두 행렬의 각 요소는 일단 적당히 아무 값이나 채워 넣습니다. 이후 두 행렬을 곱한 결과가 위의 취향 행렬과 충분히 비슷해지도록, 요리조리 사용자 행렬과 영상 행렬 요소들의 값을 수정합니다. 마치 스도쿠처럼 주어진 일부 정보만 활용해 목표를 만족하는 미지의 값을 채워 넣는다고 생각하면 됩니다.

스도쿠의 목표는 '각 행과 열에 1에서 9 사이의 숫자가 중복 없이 들어간다'이고 행렬 분해의 목표는 '사용자 행렬과 영상 행렬을 곱한 결과가 취향 행렬과 비슷해져야 한다'입니다. 물론

스도쿠처럼 딱 떨어지는 정답이 있는 것은 아니라서, 사용자 행렬과 영상 행렬을 곱한 결과와 취향 행렬의 차이를 최소화하는 방향으로 각 요소의 값을 학습합니다.

이렇게 얻은 사용자 행렬과 영상 행렬을 가지고 알 수 없던 사용자 B의 판다 영상에 대한 선호도도 알 수 있습니다. 사용자 행렬에서 사용자 B에 해당하는 행만 선택해 사용자 B를 나타내는 10차원의 벡터를 추출하고, 영상 행렬에서 판다 영상에 해당하는 행만 선택해 판다 영상을 나타내는 10차원의 벡터를 추출할 수 있습니다. 이 두 벡터를 내적하면 취향 행렬에서 '?'로 표시했던 미지의 값을 알아낼 수 있습니다.

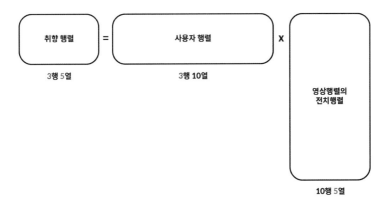

매개변수와 초매개변수

행렬 분해를 할 때 "사용자 벡터와 영상 벡터를 몇 차원으로 나타낼 지는 여러분의 마음"이라고 했습니다. 이처럼 인공지능 모델 학습 과 정에서 조정되는 매개변수와 달리, 학습 전에 사람이 직접 정해야 하는 값을 '초매개변수(Hyperparameter)'라고 합니다.

초매개변수의 예시로는 행렬 분해처럼 학습할 벡터의 차원 수뿐만 아니라, 학습 과정에서 한 번에 매개변수를 조정하는 정도를 나타내는 '학습률(Learning Rate)', 학습 데이터를 몇 번이나 다시 볼 건지를 나타 내는 '에폭(Epoch)', 한 번에 몇 개의 데이터를 보고 매개변수를 조정할 건지 나타내는 '배치 사이즈(Batch Size)' 등이 있습니다.

이러한 초매개변수는 모델 성능에 직접적인 영향을 미치기 때문에 충분한 실험을 통해 최적의 값을 찾아나가야 합니다.

3

다음 말을 예측해 봐, ChatGPT

ChatGPT는 인공지능 역사상 가장 유명한 모델인 것 같습니다. 번역도 하고 창작도 하고 요약도 하고 심지어 공부 계획표까지 짜 주는 이 똑똑한 ChatGPT가 사실 단순히 다음에 올 말을 예측하는 방식으로 학습되었다는 사실, 알고 있었나요?

ChatGPT의 할머니, 트랜스포머

ChatGPT는 이름에서 알 수 있다시피 GPT는 GPT인데 채팅하는 GPT입니다. GPT가 ChatGPT의 엄마인 셈이죠. 그런데

이 GPT에게도 엄마가 있습니다. 바로 트랜스포머(Transformer) 입니다. ChatGPT의 할머니인 트랜스포머는 엄청난 성능을 자랑하며 현존하는 거의 모든 모델의 할머니로 자리 잡았습니다. 대부분의 모델이 트랜스포머 구조를 기반으로 개발되었다는 의미입니다. 무엇이 트랜스포머를 그렇게 똑똑하게 만들었을까요? 트랜스포머의 핵심은 어텐션(Attention)입니다. 얼마나 핵심이냐 하면, 트랜스포머를 발표한 논문의 제목이 〈어텐션만 있으면 된다(Attention Is All You Need)〉입니다.

어텐션에 대해 자세히 알아보기 전에, 트랜스포머의 구조를 먼저 알아봅시다. 트랜스포머는 크게 '인코더(Encoder)'와 '디코더(Decoder)'로 이루어져 있습니다. 인코더는 우리가 구사하는 자연어(컴퓨터 언어와 대비해 사람들이 구사하는 한국어, 영어 등의 언어)를 인공지능만의 암호 벡터로 번역하는 부분이고, 디코더는 우리가 알 수 없는 인공지능만의 암호 벡터를 다시 자연어로 번역하는 부분입니다. 트랜스포머의 딸들 중에는 인코더와 디코더 둘 다 활용하는 모델도 있고, 인코더만 활용하는 모델도 있고, 디코더만 활용하는 모델도 있습니다. 트랜스포머의 인코더만 사용하는 모델은 주로 분류, 회귀 과제에 활용됩니다. 문장을 입력하면 이를 인공지능만의 암호 벡터로 번역하고, 다시 이

암호 벡터를 각 분류 카테고리에 속할 확률, 또는 회귀 과제의 정답에 해당하는 실숫값으로 변환합니다. 객관식 또는 단답식 문제를 푸는 모델이라고 생각하면 됩니다. 디코더만 사용하는 모델은 주로 생성 과제에 활용됩니다. 문장의 앞부분을 입력하면 디코더는 그에 이어지는 자연스러운 다음 부분을 생성하는 방식입니다. 인코더와 디코더 모두를 사용하는 모델도 있습니다. 이러한 모델은 주로 번역, 요약 과제에 활용됩니다. 인코더 부분에서 입력 문장을 인공지능만 아는 암호 벡터로 변환한 후 이를 디코더에 전달하면, 디코더는 그 암호 벡터를 해독해 다른 언어로 번역된 문장 또는 요약된 문장을 생성합니다.

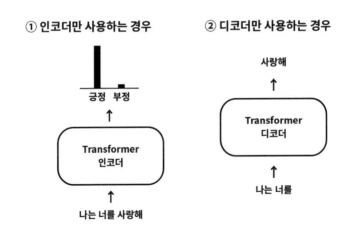

③ 인코더와 디코더를 사용하는 경우

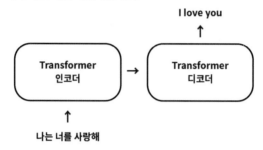

어텐션은 인코더와 디코더 모두에서 사용하는 방식과 디코더에서만 사용하는 방식, 이렇게 두 가지로 나눌 수 있습니다. 바로 '셀프 어텐션(Self-Attention)'과 '인코더-디코더 어텐션(Encoder-Decoder Attention)'입니다. 셀프 어텐션은 한 문장 내 단어끼리의 어텐션을, 인코더-디코더 어텐션은 인코더의 입력 문장 내 단어와 디코더가 생성해야 할 정답 문장 내 단어 사이의 어텐션을 계산합니다.

셀프 어텐션이든 인코더-디코더 어텐션이든, 어텐션의 핵심은 "이 단어가 어떤 단어와 가장 관련 있는가?"입니다. 예를 들어, '나는 빨간 사과와 파란 바다를 좋아해'라는 문장에서 셀프 어텐션을 계산해 봅시다. '사과'라는 단어는 '빨간'이라는 단어와 관련도가 높고 '파란'이라는 단어와는 관련도가 낮습니다. 따라서 '사과'와 '빨간'의 어텐션 점수는 높게, '사과'와 '파란'의 어텐션 점수는 낮게 학습될 것입니다. 그렇다면 어텐션 점수는 어떻게 계산하는 걸까요?

일단 문장의 단어를 모두 벡터로 나타냅니다. 위의 문장에서는 [나는, 빨간, 사과, 와, 파란, 바다, 를, 좋아해], 이렇게 8가지 단어를 각각 벡터로 나타냈다고 합시다. 이 단어 벡터를 Q, K, V 함수에 넣으면 각 단어의 쿼리(Query) 벡터, 키(Key) 벡터, 밸류(Value) 벡터가 만들어집니다. 8가지 단어마다 쿼리, 키, 밸류 벡터가 하나씩 있으므로 총 24개의 벡터가 있는 셈입니다. 이제 어텐션을 계산하기 위한 준비물이 모두 준비되었습니다. 셀프 어텐션을 계산한다면 어텐션을 계산해야 하는 조합은 다음과 같이 8×8=64개입니다.

(나는, 나는) 사이의 어텐션
(나는, 빨간) 사이의 어텐션
(나는, 사과) 사이의 어텐션
(나는, 와) 사이의 어텐션
(나는, 파란) 사이의 어텐션

(나는, 바다) 사이의 어텐션

(나는, 를) 사이의 어텐션

(나는, 좋아해) 사이의 어텐션

(빨간, 나는) 사이의 어텐션

(빨간, 빨간) 사이의 어텐션

(빨간, 사과) 사이의 어텐션

(빨간, 와) 사이의 어텐션

(빨간, 파란) 사이의 어텐션

(빨간, 바다) 사이의 어텐션

(빨간, 를) 사이의 어텐션

(빨간, 좋아해) 사이의 어텐션

…

(좋아해, 나는) 사이의 어텐션

(좋아해, 빨간) 사이의 어텐션

(좋아해, 사과) 사이의 어텐션

(좋아해, 와) 사이의 어텐션

(좋아해, 파란) 사이의 어텐션

(좋아해, 바다) 사이의 어텐션

(좋아해, 를) 사이의 어텐션

(좋아해, 좋아해) 사이의 어텐션

'나는 빨간 사과와 파란 바다를 좋아해'라는 문장에서
'빨간'과 가장 관련 있는 단어는 무엇일까?

이 중 '빨간'의 어텐션을 계산하는 부분을 살펴봅시다. 단어 '빨간'을 기준으로 어텐션을 계산하고 있으므로 쿼리 단어는 '빨간'이 됩니다. 따라서 단어 '빨간'의 쿼리 벡터와 문장 내 모든 단어들의 키 벡터를 각각 내적합니다. 서로 유사한 단어일수록 내적값은 커지고, 유사하지 않을수록 내적값은 작아집니다. 문장 내 단어가 총 8개이므로, 8개의 내적값을 얻을 수 있습니다. 이렇게 얻은 내적값을 '어텐션 점수'라고 부릅니다.

'빨간'의 쿼리 벡터 · '나는'의 키 벡터
'빨간'의 쿼리 벡터 · '빨간'의 키 벡터

'빨간'의 쿼리 벡터 · '사과'의 키 벡터

'빨간'의 쿼리 벡터 · '와'의 키 벡터

'빨간'의 쿼리 벡터 · '파란'의 키 벡터

'빨간'의 쿼리 벡터 · '바다'의 키 벡터

'빨간'의 쿼리 벡터 · '를'의 키 벡터

'빨간'의 쿼리 벡터 · '좋아해'의 키 벡터

이후 어텐션 점수를 확률로 변환합니다. 확률로 변환한다는 의미는 대소 관계는 유지하면서, 단어 '빨간'과 다른 단어들 사이의 어텐션 점수의 합이 1이 되도록 변환한다는 의미입니다. 여전히 단어 '빨간'과 유사한 단어일수록 큰 확률값을 가지겠죠. 이후 이 확률값과 각 단어의 밸류 벡터를 곱하고 이를 모두 더 하면 단어 '빨간'을 표현하는 새로운 벡터가 만들어집니다. 단어 '빨간'과 다른 단어 사이의 관련성을 반영해 '빨간'의 의미를 표 현하는 것입니다. 이렇게 새로 만들어진 단어 '빨간'의 벡터로 다시 쿼리, 키, 밸류 벡터를 만들고 위의 과정을 반복하면 더 정 교하게 '빨간'의 의미를 반영하는 벡터를 만들 수 있습니다.

(빨간, 나는) 사이의 확률값 × '나는'의 밸류 벡터

(빨간, 빨간) 사이의 확률값 × '빨간'의 밸류 벡터

(빨간, 사과) 사이의 확률값 × '사과'의 밸류 벡터

(빨간, 와) 사이의 확률값 × '와'의 밸류 벡터

(빨간, 파란) 사이의 확률값 × '파란'의 밸류 벡터

(빨간, 바다) 사이의 확률값 × '바다'의 밸류 벡터

(빨간, 를) 사이의 확률값 × '를'의 밸류 벡터

(빨간, 좋아해) 사이의 확률값 × '좋아해'의 밸류 벡터

그런데 사실 '어떤 단어가 어떤 단어와 관련이 있다'를 판단할 때, 그 관련성의 기준은 다양합니다. 단어의 의미를 기준으로 '빨간'과 '사과'가 관련도가 높을 수도 있지만, 문법적으로 보면 형용사인 '빨간'은 명사인 '사과'보다 같은 형용사인 '파란'과 관련도가 높다고 볼 수 있습니다. 이렇게 다양한 관련도의 기준을 반영하기 위해 위의 어텐션 계산을 하나가 아니라 여러 개의 Q, K, V 함수에 넣어 이 결과를 모두 합칩니다. 이를 '멀티 헤드 어텐션(Multi-Head Attention)'이라고 합니다. 어떤 머리(Head)의 Q, K, V 함수는 의미를 기준으로, 어떤 머리의 Q, K, V 함수는 문법적 유사성을 기준으로 관련도를 계산하고 이를 모두 반영한다는 의미입니다. 그래서 한 문장 내 단어끼리 어텐션을 계산하는 방법의 풀네임은 사실 '멀티 헤드 셀프 어텐션(Multi-Head Self-Attention)'입니다.

인코더-디코더 어텐션도 거의 같은 방식으로 이뤄집니다. 여기선 한 문장 내 단어끼리의 어텐션이 아니라, 인코더의 입력 문장 내 단어와 디코더가 생성해야 할 정답 문장 내 단어 사이의 어텐션을 계산한다는 점만 다릅니다. 이때 주의할 점은 다음에 나올 단어를 미리 훔쳐봐서는 안 된다는 점입니다. 디코더는 한 번에 한 단어씩 생성하는데, 첫 단어를 생성할 때는 인코더의 결과물만 참고하고, 두 번째 단어를 생성할 때는 인코더의 결과물과 직전에 생성한 단어만 참고합니다. 이렇게 인코더의 결과물과 그 직전까지 생성한 단어만 참고해 문장을 생성해 나가는데, 인코더-디코더 어텐션을 계산하느라 인코더 문장과 디코더의 정답 문장 전체 사이의 어텐션을 계산해 버리면 미래의 단어까지 훔쳐보게 됩니다. 따라서 인코더-디코더 어텐션은 현 단계 이후의 단어는 가린 채로 어텐션을 계산한다는 점이 셀프 어텐션과 다릅니다.

이러한 어텐션을 통해 트랜스포머는 문장 감정 분류, 번역, 요약 등 다양한 언어 관련 과제에서 압도적인 성능을 보였고, 언어뿐만 아니라 이미지, 음성 등 다양한 데이터를 사용한 과제에서도 활용되고 있습니다.

함수와
행렬

사실 트랜스포머를 설명할 때 단순화해서 설명한 부분이 있습니다. '단어 벡터를 Q, K, V 함수에 넣으면 각 단어의 쿼리 벡터, 키 벡터, 밸류 벡터가 만들어'진다고 했지만, Q, K, V는 사실 함수가 아니라 행렬입니다. 그래서 정확히 말하자면 '단어 벡터를 각각 행렬 Q, K, V와 곱하면 각 단어의 쿼리 벡터, 키 벡터, 밸류 벡터가 만들어'지는 것입니다. 하지만 이는 거의 같은 말로 봐도 무방합니다.

예를 들어, 단어 벡터가 2차원이고 Q 함수는 단어 벡터를 다음과 같이 변형하는 함수라고 가정합시다. Q 함수에 단어 벡터를 넣은 결과는 아래와 같은 행렬 Q와 단어 벡터를 곱한 결과와 같습니다. 실제 트랜스포머에서 어텐션을 계산할 때는 단어 하나씩 어텐션을 계산하는 것이 아니라, 여러 단어의 어텐션을 한꺼번에 계산합니다.

따라서 단어 벡터의 모음인 단어 행렬과 행렬 Q, K, V를 곱하는데,

이러한 행렬과 행렬의 곱은 컴퓨터가 매우 빠르게 처리할 수 있어 함수로 계산하는 것보나 유리합니다.

$$\begin{pmatrix} x \\ y \end{pmatrix} \xrightarrow{\text{함수 Q}} \begin{pmatrix} 2x + 3y \\ 5x - 2y \end{pmatrix}$$

단어 벡터   단어의 쿼리 벡터

$$\begin{pmatrix} 2 & 3 \\ 5 & -2 \end{pmatrix} \begin{pmatrix} x \\ y \end{pmatrix} = \begin{pmatrix} 2x + 3y \\ 5x - 2y \end{pmatrix}$$

행렬 Q   단어 벡터   단어의 쿼리 벡터

단어와
토큰

    사실 트랜스포머를 설명할 때 단순화해서 설명한 부분이 하나 더 있습니다. 계속 '단어 벡터' 또는 '한 단어씩 생성한다'라고 말했지만, 트랜스포머가 다루는 최소 단위는 사실 단어가 아니라 '토큰(Token)'입니다. 토큰 단위로 어텐션을 계산하고, 토큰 단위로 생성합니다. 문장을 토큰으로 쪼개는 일을 '토큰화(Tokenization)'라고 하는데, 이 토큰화는 모델 성능에 큰 영향을 줍니다. "아버지가방에들어가신다"라는 문장을 입력했을 때 [아버지, 가, 방, 에, 들어가, 신, 다]로 토큰화한 모델과 [아버지, 가방, 에, 들어가신, 다]로 토큰화한 모델 중, 당연히 전자의 성능이 더 좋겠죠?

    다양한 토큰화 방식이 있지만, GPT에 사용된 BPE(Byte-Pair Encoding) 방식을 간단히 살펴봅시다. BPE 방식은 단어를 최소 단위로 분리한 후에 가장 많이 등장하는 쌍을 합치는 과정을 반복합니다. 여러분이 가지고 있는 데이터를 어절로 나눠 보니 다음과 같이 7개의 어절

문장을 최소 단위로 나누는 '토큰화'

로 이루어졌다고 합시다.

[인생사진, 인생영화, 사진을, 사진이, 사진만, 영화가, 영화도]

처음에는 이를 최소 단위로 쪼갭니다. 한국어에서는 음절 단위로 쪼갤 수 있겠죠.

[(인, 생, 사, 진), (인, 생, 영, 화), (사, 진, 을), (사, 진, 이), (사, 진, 만), (영, 화, 가), (영, 화, 도)]

여기까지 하면 현재 전체 토큰의 집합은 [인, 생, 사, 진, 영, 화, 을, 이, 만, 가, 도]입니다. 이에 따라 각 어절을 토큰화한 뒤, 토큰 쌍을 만들어 빈도를 세어 봅시다.

[(인, 생), (생, 사), (사, 진), (인, 생), (생, 영), (영, 화), (사, 진), (진, 을), (사, 진), (진, 이), (사, 진), (진, 만), (영, 화), (화, 가), (영, 화), (화, 도)]
→ {(사, 진): 4번, (영, 화): 3번, (인, 생): 2번, (생, 사): 1번, (생, 영): 1번, (진, 을): 1번, (진, 이): 1번, (진, 만): 1번, (화, 가): 1번, (화, 도): 1번}

가장 많이 등장한 토큰 쌍이 (사, 진)이므로 (사, 진)은 앞으로 하나의 토큰으로 간주합니다. 여기까지 하면 전체 토큰의 집합은 [사진, 인, 생, 영, 화, 을, 이, 만, 가, 도]이 됩니다. 토큰의 집합이 바뀌었으니 이에 맞춰 다시 토큰화하고, 토큰 쌍의 빈도를 세어 봅시다.

[(인, 생, 사진), (인, 생, 영, 화), (사진, 을), (사진, 이), (사진, 만), (영, 화, 가), (영, 화, 도)]
→ {(영, 화): 3번, (인, 생): 2번, (생, 사진): 1번, (생, 영): 1번, (사진, 을): 1번, (사진, 이): 1번, (사진, 만): 1번, (화, 가): 1번, (화, 도): 1번}

가장 많이 등장한 토큰 쌍이 (영, 화)이므로 (영, 화)는 앞으로 하나의 토큰으로 간주합니다. 여기까지 하면 전체 토큰의 집합은 [사진, 영화, 인, 생, 을, 이, 만, 가, 도]이 됩니다. 토큰의 집합이 바뀌었으니 이에 맞춰 다시 토큰화하고, 토큰 쌍의 빈도를 세어 봅시다.

[(인, 생, 사진), (인, 생, 영화), (사진, 을), (사진, 이), (사진, 만), (영화, 가), (영화, 도)]

→ {(인, 생): 2번, (생, 사진): 1번, (생, 영화): 1번, (사진, 을): 1번, (사진, 이): 1번, (사진, 만): 1번, (영화, 가): 1번, (영화, 도): 1번}

가장 많이 등장한 토큰 쌍이 (인, 생)이므로 (인, 생)은 앞으로 하나의 토큰으로 간주합니다. 여기까지 하면 전체 토큰의 집합은 [사진, 영화, 인생, 을, 이, 만, 가, 도]이 됩니다. 토큰의 집합이 바뀌었으니 이에 맞춰 다시 토큰화하고, 토큰 쌍의 빈도를 세어 봅시다.

[(인생, 사진), (인생, 영화), (사진, 을), (사진, 이), (사진, 만), (영화, 가), (영화, 도)]

→ {(인생, 사진): 1번, (인생, 영화): 1번, (사진, 을): 1번, (사진, 만): 1번, (영화, 가): 1번, (영화, 도): 1번}

모든 토큰 쌍의 등장 횟수가 1번으로 동일하므로 더 이상 토큰의 집합이 업데이트되지 않습니다. 반복을 마치고 얻은 최종 토큰의 집합은 [사진, 영화, 인생, 을, 이, 만, 가, 도]입니다. 기가 막히게 명사와 조사로 잘 나뉘었죠?[5]

국어를 잘해야 공부를 잘하는 이유, 사전학습과 미세조정

인공지능의 학습 단계는 '사전학습(Pretraining)'과 '미세조정 (Finetuning)'으로 나눌 수 있습니다. 사전학습은 일반적인 언어 능력을 습득하는 단계입니다. 따로 정답 데이터가 필요하지 않고 대량의 문장 데이터만 있으면 학습할 수 있어 데이터 확보가 비교적 쉽습니다. 하지만 대량의 데이터로 오랫동안 학습해야 하므로 컴퓨팅 자원이 많이 필요합니다.

트랜스포머(Transformer)의 인코더와 디코더는 각각 다른 사전학습 방식을 사용합니다. 인코더는 한 번에 문장의 처음부터 끝까지 볼 수 있는 반면, 디코더는 미래의 단어를 볼 수 없기 때문입니다. 인코더는 문장에서 임의로 일부 단어를 골라 가립니다. 그리고 가린 그 단어가 무엇이었는지 예측하는 방식으로 사전학습을 진행합니다. 예를 들어, '나는 빨간 사과와 파란 바다를 좋아해'라는 문장에서 '빨간'이라는 단어를 가렸다고 합시다. 그러면 모델은 '나는 [MASK] 사과와 파란 바다를 좋아해'라는 문장을 입력받고, [MASK]에 해당하는 원래 단어는 '빨간'이었음을 예측하도록 학습하게 됩니다.

반면, 디코더는 지금까지 주어진 단어를 참고해 이다음에 올 단어가 무엇인지 예측하도록 학습합니다. 예를 들어, 똑같이 '나는 빨간 사과와 파란 바다를 좋아해'라는 문장에서 디코더는 '나는 빨간'까지 주어졌을 때는 다음 단어로 '사과'가 올 것으로, '나는 빨간 사과와 파란 바다를'까지 주어졌을 때는 다음 단어로 '좋아해'가 올 것으로 예측하도록 학습합니다.

미세조정은 이렇게 사전학습된 모델의 매개 변수를 특정 과제에 좀 더 특화된 방향으로 조정하는 단계입니다. 여기서 특정 과제란 문장의 감정을 분류한다거나, 문장 내 단어 중 사람의 이름을 칭하는 단어를 찾아내는 등의 과제가 될 수 있습니다. 미세조정에서는 정답 데이터가 필요해 사전학습 때만큼 대량의 데이터를 확보하기 힘듭니다. 하지만 사전학습 때 일반적인 언어 능력을 습득했으므로, 이 지식을 이용하면 비교적 적은 정답 데이터만 있어도 높은 성능을 보일 수 있습니다. 운동을 좋아하지 않는 학생이 농구를 배우는 것보다 축구 선수가 농구를 배우는 것이 더 유리한 것과 같은 이치입니다. 축구 선수에게는 이미 체력, 공을 다루는 능력 등 일반적인 운동 능력이 있기 때문에 운동을 좋아하지 않는 학생보다 농구를 더 빠르게, 더 잘 배울 수 있습니다. 여기서 축구 선수는 사전학습된 모델에 대응

농구를 빠르게 배울 수 있는 축구 선수

되고, 축구 선수가 농구를 배우는 건 미세조정 과정이라고 볼 수 있습니다. 이처럼 사전학습을 통해 얻은 지식을 다른 과제에 활용하는 것을 '전이 학습(Transfer Learning)'이라고 합니다.

이 책에서는 사전학습과 미세조정을 언어 데이터 기준으로 설명했지만, 꼭 언어 데이터로만 해야 하는 것은 아닙니다. 사진, 음성 등 다양한 데이터로도 사전학습과 미세조정을 진행할 수 있습니다.

트랜스포머와
〈세서미 스트리트〉

애니메이션 〈세서미 스트리트〉를 아시나요? 엘모, 버트 등 유명한 캐릭터가 많이 등장하는데요. 이 애니메이션에 등장하는 캐릭터와 트랜스포머는 밀접한 관계를 갖고 있습니다. 바로 많은 트랜스포머 기반 모델의 이름이 이 〈세서미 스트리트〉에 등장하는 캐릭터 이름을 따서 지어졌다는 점입니다.

첫 시작은 엘모(ELMo)였습니다. 사실 엘모는 트랜스포머 기반 모델은 아니지만, 이 모델 덕분에 〈세서미 스트리트〉 캐릭터 이름을 본따 모델 이름을 짓는 유행이 시작되었습니다. 엘모는 '언어 모델의 임베딩(Embeddings from Language Model)'이라는 말의 약자입니다. 이후 등장한 트랜스포머의 인코더를 이용한 모델인 버트(BERT) 역시 〈세서미 스트리트〉 캐릭터 이름 중 하나죠. 버트는 '트랜스포머의 양방향 인코더 임베딩(Bidirectional Encoder Representations from Transformers)'이라는 말의 약자입니다. 여기서 '양방향'이란, 미래의 단어를 볼 수 없는 디코더와 달리, 인코더를 사용하기 때문에 문장의 처음부터 끝까지 모든 단어를 고려해 문장의 임베딩을 만들 수 있다는 의미입니다. 빅버드(BigBird) 모델도 등장했는데요, 이 모델은 약자로 만들어진 이름은 아닙니다. 기존 트랜스포머 기반 모델보다 훨씬 긴 문장을 처리할 수 있다는 의미에서 '크다'는 의미가 포함된 캐릭터 이름, '빅버드'를 선택한 것으로 보입니다.

기억에 잘 남기 위해 우리에게 익숙한 <세서미 스트리트>의 캐릭터 이름으로 모델 이름을 지은 것 같습니다. 정작 가장 유명해진 트랜스포머 기반 모델인 GPT는 캐릭터 이름과 상관없지만 말이에요! 'GPT'라는 이름에 담긴 뜻이 무엇인지는 다음 장에서 알아봅시다.

ChatGPT의 엄마, GPT

GPT는 트랜스포머의 인코더와 디코더 중 디코더만 가져온 모델입니다. 따라서 GPT는 지금까지 주어진 단어를 참고해 그다음에 올 단어를 하나씩 예측하는 방식으로 학습됩니다. 하지만 문장 생성에만 사용되는 건 아닙니다. GPT를 사전학습 모델로 보고, 이를 미세조정해 수많은 과제에 활용할 수 있습니다. "'이 식당은 요리를 못 해요'라는 문장은 긍정인가요, 부정인가요?"라는 문장 다음에 나올 단어가 '부정'이라고 예측하면 GPT의 문장 생성 방식으로 분류 과제를 수행할 수 있게 됩니다. 실제로 GPT를 미세조정했을 때 질의응답, 상식 추론 등 특정 과제만을 수행하도록 학습된 모델보다 성능이 좋았습니다. 'GPT'라는 이름도 '사전학습된 생성형 트랜스포머(Generative Pre-trained Transformer)'라는 의미입니다.

GPT-1은 2018년, GPT-2는 2019년, GPT-3는 2020년, ChatGPT와 함께 공개된 GPT-3.5는 2022년, GPT-4는 2023년에 공개되었습니다. 버전이 높아질수록 학습에 사용한 데이터 양도, 모델 매개변수의 개수도 크게 늘었는데요. 매개변수가 많을수록 더 크고 복잡한 모델이라고 생각하면 됩니다.

GPT-1은 1억 개, GPT-2는 15억 개, GPT-3는 무려 1,750억 개의 매개변수를 갖고 있습니다. 일대일 대응이 되지는 않겠지만, 인간 뇌의 뉴런이 약 1,000억 개라고 하니 이와 맞먹는 수치입니다.

알쏭달쏭
인공지능 용어 풀이

인공지능 관련 글을 읽다 보면 의미를 알 수 없는 영어 약자가 많이 등장합니다. LLM이 뭘까요? FM은 무엇이죠? LLM은 대규모 언어 모델(Large Language Model)의 약자입니다. 언어 모델(Language Model)이란 주어진 텍스트 다음에 나올 단어를 예측하는 모델인데, 이러한 모델을 대규모의 데이터셋으로 훈련해 성능이 아주 좋은 언어 모델이라는 의미입니다.

다음 단어를 예측하면서 문장을 '생성'하니까 이를 '생성형 인공지능(Generative AI)'이라고도 합니다. 하지만 생성형 인공지능이 꼭 문장만을 생성하란 법은 없습니다. 음악을 생성할 수도 있고, 그림을 생성할 수도 있죠. 뭐든 생성하면 생성형 인공지능이라고 부를 수 있습니다. 우리는 생성형 인공지능의 비밀을 알고 있습니다. 바로 디코더가 포함되었다는 사실이죠. 디코더는 무언가 생성하는 부분이니까요.

FM은 기초 모델(Foundation Model)이라는 뜻입니다. 언어든 이미지든 음성이든 많은 데이터로 사전학습해 FM을 만들고, FM을 미세조정해 특정한 과제를 특히 더 잘하도록 만듭니다. 언어 데이터의 FM이 LLM인 셈이죠.

그렇다면 GPT는 'LLM'일까요, '생성형 인공지능'일까요, 'FM'일까요? 정답은 '전부 다'입니다. GPT는 대규모의 데이터로 다음에 올 단어를 예측하도록 학습되었고, 다음 단어를 예측하면서 문장을 생성하고, GPT를 미세조정해 수많은 과제에 활용할 수 있기 때문입니다.

ChatGPT

ChatGPT는 다음과 같은 과정으로 학습되었습니다. 우선 GPT를 채팅에 최적화시키기 위해 미세조정을 합니다. 랜덤하게 채팅 시작 문구를 선택하면, 사람이 직접 적절한 답변 문장을 적습니다. 이를 정답으로 보고 지도학습 방식으로 미세조정을 진행합니다. 다음으로 강화 학습에 사용할 수 있는 보상 모델을 학습합니다. 하나의 채팅 시작 문구를 주면, 여러 모델로부터 각기 다른 답변 문장을 받아냅니다. 이후 사람이 직접 여러 답변 중 가장 적절한 순서로 순위를 매깁니다. 이를 바탕으로 보상 모델을 학습해 특정 시작 문구에 가장 적절한 답변이 무엇인지, 가장 부적절한 답변이 무엇인지 가르칩니다. 마지막으로 임의로 채팅 시작 문구를 선택하면, 모델이 답변 문장을 생성하고, 보상 모델이 이 문장이 얼마나 적절한지 판단한 다음, 이에 따른 보상을 제공합니다. 이러한 강화 학습을 통해 ChatGPT는 점점 더 적절한 문장을 생성하게 됩니다.[6]

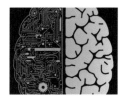

인공지능도
원샷을 한다

여러분은 '원샷'이라고 하면 무엇이 생각나나요? 주로 술을 한 번에 마시는 행위를 떠올릴 텐데요. 인공지능도 원샷을 한다니, 이게 무슨 말일까요? 여기서 '샷(Shot)'은 '미리 알려 준 예시의 개수'입니다. 예를 들어, 다음 토큰을 예측하는 방식으로만 학습된 ChatGPT에게 특정 리뷰가 긍정적인지 부정적인지 분류하는 과제를 시키고 싶다고 합시다. 그런데 ChatGPT가 이 과제를 잘 수행할지 의심스러워서 우리가 원하는 예시를 딱 하나 알려주고 비슷하게 하라고 시켜 봅니다.

다음 리뷰를 긍정/부정으로 분류하세요.
- 시그니처 메뉴가 완전 맛있고 서비스도 좋아요 → 긍정
- 서빙이 너무 느려서 배고파요 →

위와 같은 프롬프트를 주면 ChatGPT는 '부정'이라고 답할 것입니다. 이를 '원샷 프롬프팅(One-shot Prompting)'이라고 합니다. 인공지능

모델에게 학습할 때 해 보지 않은 새로운 과제를 시키고 싶은데, 이 과제를 잘 수행한 예시를 1개만 주면 '원샷 프롬프팅(One-shot Prompting)', 2~3개쯤 주면 '퓨샷 프롬프팅(Few-shot Prompting)', 아예 안 주면 '제로샷 프롬프팅(Zero-shot Prompting)'입니다.

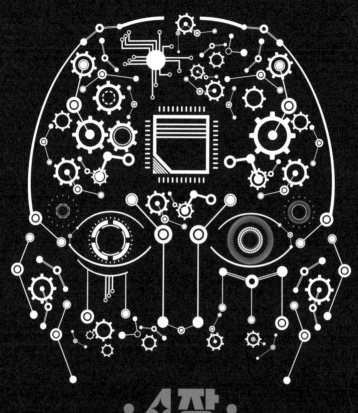

·4장·
우리가 만들어 나가야 할
인공지능 윤리

1

인공지능 판사는
인간 판사보다 공정할까?

여러분은 인공지능이 사람보다 공정한 판단을 내릴 수 있다고
생각하나요? 사람은 이런저런 편견에 휘둘리지만, 인공지능은
공정한 법칙에 따라 판단할 것이라고 생각하기 쉽습니다. 물론
그런 인공지능도 있을 수 있습니다. 아주 정교한 규칙 기반 모
델은 규칙이 공정하다면 항상 공정한 판단을 내리게 될 것입니
다. 하지만 앞서 살펴봤듯이 규칙 기반 모델은 실제로 활용하기
힘듭니다. 이 세상의 문제는 너무 복잡한데 그 복잡한 문제를
일일이 규칙으로 만드는 건 사실상 불가능하니까요. 그래서 등
장한 딥러닝에는 규칙이 없습니다. 그리고 딥러닝 모델이 아는
세상은 인간이 제공하는 데이터가 전부입니다. 다양한 편견으

인공지능 판사는 인간 판사보다 공정할까?

로 얼룩진 그 데이터가 전부라는 의미입니다. 그래서 기본적으로 인공지능은 인간의 편견을 그대로 답습하게 됩니다.

2018년 한 회사는 지원자의 이력서를 1점에서 5점 사이로 평가하는 인공지능 모델을 도입했습니다.[7] 하지만 이 모델은 남성 중심적인 업계의 상황을 그대로 반영해 이력서에 '여자'라는 단어가 나오면 점수를 낮게 주는 방향으로 학습되었습니다. 비슷한 이력서라도 '여자 대학교' 또는 '여자 체스 동아리 회장'과 같은 단어가 언급된 이력서는 더 낮은 점수를 받게 되는 것입니다. 이 회사는 문제를 깨닫고 더 이상 이 모델을 사용하지 않는 다고 발표했습니다.

2020년 한국에서 공개된 한 인공지능 챗봇 역시 유사한 문제를 갖고 있었습니다.[8] 성차별, 인종차별 등 다양한 차별적 발언을 서슴없이 내뱉어 서비스가 중단되기도 했습니다. 이 챗봇은 연인 간 카카오톡 내역을 데이터로 학습한 것으로 알려져 있는데, 이러한 데이터에 나타난 차별적 발언을 그대로 답습한 것으로 보입니다.

인공지능이 편견을 학습하지 않으려면 어떻게 해야 할까요? 우선 데이터 전처리가 필요합니다. 이력서 평가 모델의 경우, 학습 데이터에 높은 점수를 받은 남성 지원자가 여성 지원자에 비해 너무 많아서 차별을 학습한 것으로 보입니다. 따라서 점수마다 남성 지원자와 여성 지원자의 이력서 개수를 통일시켜 주면 차별이 완화될 수 있습니다. 2장에서 공부한 데이터 샘플링이 필요한 경우입니다. 챗봇의 경우에는 데이터에서 차별적인 발언을 제거한 후 학습을 진행해야 합니다.

학습 과정에서 편향을 보정할 수도 있습니다. '정규화(Regularization)'는 모델의 가중치를 조정하는 방법입니다. 일반적으로 정규화는 모델이 학습 데이터에서 보지 못한 데이터에 대해서도 좋은 성능을 유지하도록 사용됩니다. 하지만 편향 보정을 위해 사용될 수도 있습니다. 정규화를 통해 성별이나 인종에 적용되는 가중치를 조정하면, 모델이 성별과 인종에만 강하게 의존해 판단하는 것을 방지할 수 있습니다.

99

토론거리

인공지능이 차별을 학습한 예시를 더 찾아봅시다. 그리고 어떻게 차별을 해소할 수 있을지 토론해 봅시다.

2

데이터 도둑,
인공지능

최근 한 플랫폼에서 'AI 웹툰 보이콧'이 진행되었습니다. '타인의 그림을 도용해 인공지능 모델을 학습하고, 이 모델로 웹툰을 그리는 것을 반대한다'는 주장이었습니다.[9]

인공지능 모델을 학습하려는 사람들은 왜 남의 데이터까지 가져오려고 노력할까요? 인공지능 모델이 학습한 데이터의 양이 곧 성능과 직결되기 때문입니다. 인공지능 모델이 적은 데이터만 보면 단순히 학습 데이터와 답만 외워 버릴 수 있습니다. 그래서 학습한 데이터로 평가해 보면 성능이 엄청 좋아 보이지만, 조금만 다른 데이터로 평가해도 전혀 정답을 맞히지 못하는

타인의 데이터를 도용해 인공지능 모델을 학습하는 사람들

현상이 나타납니다. 이를 '과적합(Overfitting)'이라고 합니다.

과적합을 방지하는 가장 좋은 방법 중 하나는 학습 데이터를 늘리는 것입니다. 더 다양한 데이터를 봐야 일반화 능력이 길러지고, 학습에 사용하지 않은 데이터도 정확히 예측할 수 있습니다. 다른 하나는 모델 매개변수의 수를 줄여 모델 복잡도를 낮추는 것입니다. 아주 복잡한 모델이 아주 적은 데이터로 학습한다면 데이터에 포함된 작은 디테일까지 외워 버려 일반화 능력이 떨어집니다.

　예를 들어, 정말 작은 디테일까지 꼼꼼히 공부하는 모범생이 시험 범위가 교과서 한 페이지인 쪽지 시험을 준비한다고 합시다. 그 페이지에는 태극기 사진과 태극기에 대한 설명이 실려 있었습니다. 그러면 이 모범생은 아마 그 페이지를 다 외워 버릴 것입니다. 해당 페이지에 실린 태극기 사진을 안 보고도 따라 그릴 수 있을 정도로 외우고 태극기 설명도 토씨 하나 안 틀리고 다 외워 버렸습니다. 그런데 안타깝게도 실제 쪽지 시험에는 그 페이지에 있는 태극기 사진이 아니라 약간 다른 각도에서 찍은 태극기 사진이 출제되었습니다. 이 모범생은 아주 작은 차이지만 시험에 출제된 사진이 교과서의 사진과 다르다는 것을 깨닫고 이 사진은 태극기가 아니라고 판단합니다. 그래서 시험 문제를 틀릴 수밖에 없었죠. 반면에 어느 정도만 열심히 공부하는 다른 학생도 있습니다. 이 학생은 시험 치르기 30분 전에 이 페이지를 3번 정도 읽었습니다. 당연히 페이지를 몽땅 다 외울 정도로 공부하지는 않았죠. 그랬더니 이 학생은 시험에 나온 사진과 교과서에 실린 사진이 다른지도 몰랐습니다. 시험에 나온 사진도 태극기라고 생각했고 시험 문제를 맞혔습니다. 이 예시에서 꼼꼼히 공부한 모범생은 매개변수의 수가 많은 복잡한 모델이고, 어느 정도만 열심히 공부한 학생은 매개변수의 수가 상대적으로 적은 간단한 모델입니다. 복잡한 모델이 너무 적은 데이터로 학습하면 데이터를 몽땅 외워 버리느라 일반화 능력이 부족해진다는 것이 이해가 가나요? 따라서 데이터의 양이 적으면 과적합을 방지하기 위해 모델의 복잡도를 줄여야 합니다.

하지만 인공지능 모델의 복잡도는 계속해서 커지고 있습니다. 매개변수의 수가 많아야 더 복잡하고 어려운 과제를 해낼 수 있는 모델이 되니까요. 다시 위의 예시로 생각해 봅시다. 꼼꼼히 공부하는 모범생이 교과서 한 페이지가 아니라 더 많은 참고서로 공부했다면 어떨까요? 인터넷에서 태극기 사진을 검색해 보고, 친구들이 가진 참고서를 모두 빌려서 공부하다 보면 약간 다른 각도에서 찍힌 태극기 사진도 태극기라는 것을 알게 됩니다. 그렇다면 이 모범생은 일반화 능력도 가지면서 태극기에 대해 매우 자세히 아는 태극기 전문가가 될 수 있습니다. 당연히 쪽지 시험 문제도 맞힐 수 있겠죠. 사람들은 점점 더 똑똑한 인공지능을 만들고 싶어 합니다. 어느 정도만 열심히 공부하는 학생의 수준으로 만족하지 않는 것이죠. 꼼꼼히 공부하는 모범생의 수준으로 인공지능을 만들고 싶은데, 그러면서도 과적합되지 않으려면 점점 더 많은 데이터가 필요합니다. 그래서 기존에 사용하던 오픈 소스 데이터만으로는 성에 차지 않게 되죠.

물론 저작권이 있는 데이터를 동의 없이 사용해서는 안 됩니다. 데이터가 곧 모델의 성능인 상황에서, 너도나도 더 많은 데이터를 확보하기 위해 경쟁하고 있습니다. 이 과정에서 저작권 문제가 다양하게 발생하고 있는데, 이에 대한 사회적 합의가 시급합니다. 데이터 사용 동의를 받은 후에도 고민이 생깁니다. 나의 데이터로 학습한 모델이 생성한 결과물에 대해서도 나의 권리를 주장할 수 있을까요? 아니면 그 결과물은 인공지능 모델을 학습시킨 사람의 것일까요? 아니면 그 누구의 것도 아닐까요?

> **토론거리**
> 타인의 데이터로 학습한 인공지능이 생성한 글이나 사진의 저작권은 누구에게 있는 걸까요? 인공지능 관련 법을 제정한다면 어떤 사항이 가장 시급할까요?

인간의 희생이
필요한 인공지능

ChatGPT는 어떻게 사용자에게 욕을 하지 않을까요? 사람이 직접 학습 데이터에서 욕을 필터링해 준 덕분입니다. ChatGPT는 방대한 인터넷 데이터를 보며 학습하는데, 아시다시피 인터넷에는 욕설, 혐오 표현, 폭력적 표현이 넘쳐납니다.

데이터 레이블러는 데이터를 하나씩 읽어 보고 이러한 표현을 필터링해 인공지능 모델이 사용자에게 욕을 하지 않도록 도와줍니다. 이들은 매일같이 아동 학대, 자살, 고문, 자해 등 폭력적인 글에 노출되어 우울감과 정신적 고통에 시달리고 있습니다. 하지만 이에 대한 대가는 고작 1~2달러의 시급에 불과합니

다.[10]

게다가 데이터가 얼마나 잔인한지와는 상관없이, 50초 이내에 필터링 작업을 마무리했는지 감시당하기도 합니다. 이미 있는 데이터를 필터링해 주는 것뿐만 아니라, 필요한 데이터를 사람의 노동력으로 만드는 경우도 많습니다. 이미지에서 강아지가 있는 영역을 태깅하거나 음성을 전사하는 등 단순 작업을 반복해야 합니다. 이러한 작업은 인공지능의 꽃을 피운 미국의 실리콘밸리와 멀리 떨어진 인도, 케냐, 필리핀, 멕시코와 같은 나라에서 주로 진행됩니다. 저임금으로 사람을 고용할 수 있기 때문입니다.[11]

그런데 한 가지 의문이 듭니다. ChatGPT의 시대에 이렇게 힘든 일을 꼭 사람이 해야 할까요? 인공지능한테 학습 데이터를 만들어 달라고 하면 안 될까요? 실제로 인공지능 모델이 만든 데이터인 '합성 데이터(Synthetic Data)'로 인공지능 모델을 학습하는 연구도 많이 있었습니다. 그러나 합성 데이터로 학습한 모델은 나타날 확률이 적은 희귀한 데이터는 점점 잊어버리고 흔하게 등장하는 데이터만 기억하는 '모델 붕괴(Model Collapse)' 현상을 겪게 됩니다.

똑똑한 인공지능을 만들기 위해 열악한 환경에서 노동하는 사람들

예를 들어, 동물 사진을 생성하는 모델을 학습하는데, 처음에 사용한 학습 데이터는 판다 사진 10개와 강아지 사진 90개였다고 합시다. 학습 데이터의 대부분이 강아지 사진으로 이루어져 있기 때문에, 모델은 판다도 약간 강아지를 닮은 모습으로 생성합니다. 이 모델이 생성한 동물 사진으로 추가 학습을 진행하면 이번에는 강아지를 닮은 판다 사진 10개와 강아지 사진 90개로 학습을 하게 됩니다. 이렇게 강아지 사진이 더더욱 주류가 되어 모델은 점점 판다는 잊고 강아지만 생성하게 됩니다.[12]

비주류의 데이터를 잊어버리면 잊어버릴수록 모델의 성능도 당연히 악화됩니다. 결국 똑똑한 인공지능 모델을 만들려면 사람이 생성한 양질의 학습 데이터가 필요합니다. 하지만 데이터 생성 업무의 노동 환경은 매우 열악합니다. 인공지능 덕분에 편하게 일하는 사람이 있는 반면, 인공지능 때문에 고통받는 사람도 있습니다.

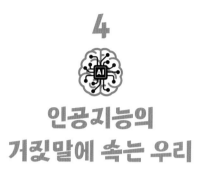

4

인공지능의
거짓말에 속는 우리

ChatGPT와 대화하다 거짓말을 들어본 적이 있나요? "조선왕
조실록에 기록된 세종대왕의 맥북프로 던짐 사건에 대해 알려
줘"라는 물음에 ChatGPT가 장황한 거짓말을 늘어놓아 화제가
되었는데요.[13]

이렇게 인공지능이 사실과 다르지만, 그럴듯한 대답을 내놓
는 현상을 '환각(Hallucination)'이라고 합니다. ChatGPT는 사
실을 말하도록 학습된 것이 아니라, 단순히 다음 단어를 예측하
도록 학습되었기 때문에 이러한 현상이 나타납니다.

이를 해결하기 위한 방안으로 '검색 증강 생성(RAG, Retrieval Augmented Generation)'이 제안되었습니다. 쉽게 말하면 이미 알고 있는 데이터로만 섣부르게 답변하지 않고, 참고할 수 있는 문서를 검색해 이를 기반으로 답변을 생성하는 방식입니다. 먼저 인터넷상의 무궁무진한 지식을 모두 벡터로 만들어 데이터베이스에 저장해 둡니다. 이후 이용자의 질문을 벡터로 변환하고, 데이터베이스에서 이와 유사한 벡터를 찾습니다. 그 벡터를 답변의 근거가 되는 문서로 보고, 이를 참고해 답변을 생성합니다.[14] 이러한 방식으로 답변의 사실관계를 검증하면서 자연스럽게 대화하는 능력도 살릴 수 있게 됩니다.

하지만 이는 환각을 줄이는 방법일 뿐 근본적인 해결 방법은 아닙니다. 그리고 텍스트를 생성하는 ChatGPT뿐만 아니라 이미지, 음성, 동영상을 생성하는 다양한 생성형 인공지능 모두 거짓말을 할 수 있습니다. 실제로 인공지능이 생성한 가짜 이미지가 진짜처럼 퍼져 나간 적이 있습니다. 2023년 5월 한 SNS 계정에 미국 국방부 근처에서 폭발이 일어난 듯한 사진이 올라왔습니다. 블룸버그 뉴스를 사칭한 계정, 실제 러시아 뉴스 계정 등 많은 계정이 이 사진이 진짜인 것처럼 공유했습니다. 이 때문에 미국 주식 시장까지 출렁였으나, 미국 국방부는 근처에

폭발은 없었다고 발표했습니다. 전문가들은 사진의 울타리나 가로등 부분이 어색하고 실제 미국 국방부 건물과 사진 속 건물이 약간 달라 인공지능이 생성한 가짜 이미지라고 보았습니다. 또한, 이렇게 큰 폭발이 있었는데 근처의 목격자가 찍은 다른 사진이 없는 것도 부자연스럽다고 말합니다.[15]

가짜 폭발 사진의 진실은 다행히 빠르게 밝혀졌습니다. 하지만 앞으로 인공지능이 생성한 가짜 정보는 더 많아질 듯합니다. 인공지능으로 자극적인 가짜 뉴스를 만들어 돈벌이 수단으로 사용하는 사람이 많습니다. 이들은 손쉽게 돈을 벌 수 있는 방법을 알려 준다거나 미국 대통령이 사망했다는 가짜 뉴스를 퍼뜨려 광고 수익을 취합니다.[16] 이러한 현상을 보며 〈월스트리트 저널〉은 '인공지능이 만든 쓰레기(AI Junk)'가 인터넷을 오염시키고 있다며 비판했습니다.[17]

이에 대응해 인공지능이 생성한 데이터와 사람이 생성한 데이터를 구분하는 인공지능 모델이 등장하기도 했습니다. ChatGPT를 공개한 OpenAI는 2023년 1월, 인공지능이 쓴 글과 인간이 쓴 글을 분류하는 인공지능 모델을 공개했습니다. 이 모델은 같은 주제에 대해 인간이 쓴 글과 인공지능이 쓴 글을 쌍으로 학습해 이 둘을 구분하는 방식으로 학습되었습니다. 그러나 짧은 글, 영어가 아닌 다른 언어로 쓴 글에 대한 예측 결과는 신뢰하기 어려웠으며 True Positive, 즉 모델이 인공지능이 쓴 글이라고 예측한 글 중 실제로 인공지능이 쓴 글은 26%에 불과했습니다. 약 6개월 뒤인 2023년 7월, OpenAI는 낮은 성능 문제로 해당 모델을 더 이상 제공하지 않겠다고 밝혔습니다.[18] 인공지능이 생성한 데이터와 사람이 생성한 데이터를 구분하는 것에 어려움을 겪자, 생성형 인공지능 모델을 공개한 많은 기업은 인공지능이 생성한 글, 사진, 영상에 워터마크를 삽입하겠다고 밝혔습니다.[19] 눈앞에 보이는 대로 바로 믿어서는 안 되는 시대가 된 것입니다.

> ## 토론거리
>
> 영화 <블러드샷>, 드라마 <블랙 미러> 시즌 6의 1회 '존은 끔찍해', 드라마 <블랙리스트> 시즌 7의 6회 '루이스 파월 박사'는 모두 인공지능이 생성한 가짜 영상, 즉 딥페이크와 관련한 내용을 다루었습니다. 원하는 영화나 드라마를 보고 딥페이크가 우리 일상에 어떤 영향을 미치게 될지와 인공지능이 생성한 가짜 뉴스나 가짜 영상에 속지 않으려면 어떻게 해야 할지 토론해 봅시다.

인공지능이 쓴 글에
숨은 워터마크

인공지능이 생성한 사진이나 영상에 워터마크를 삽입하는 건 상상할 수 있는데, 글 속에는 어떻게 워터마크를 삽입하는 걸까요? 3장에서 배웠다시피 언어 모델은 다음에 올 단어를 예측하는 모델입니다. 언어 모델이 알고 있는 모든 단어 중, 이전까지의 문맥을 참고했을 때 다음에 올 확률이 가장 높은 단어를 선택하는 방식입니다. 여기서 언어 모델이 알고 있는 모든 단어 중 절반은 '특별 단어 목록'에 저장해 둡니다. 아무런 수정 없이 언어 모델에게 글을 쓰라고 하면, 통계적으로 그 글에 속한 단어의 절반만 '특별 단어 목록'에 속하게 됩니다.

인공지능이 쓴 글과 인간이 쓴 글을 구분하기 위해 워터마크를 삽입하려면, 언어 모델이 '특별 단어 목록'에 속한 단어를 더 많이 사용하도록 하면 됩니다. 다음에 올 단어를 예측할 때 '특별 단어 목록'에 있는 단어의 확률을 조정해 선택될 확률을 높입니다. 그러나 사실과 다른 문장이나 비문법적인 문장을 생성하지 않도록 확률은 적당히만 조정해야 합니다. 이러한 방식으로 언어 모델을 수정하면 언어 모델이 쓴 글에 속한 단어의 약 70%가 '특별 단어 목록'에 속하게 됩니다. 어떤 글에 '특별 단어 목록'에 속한 단어가 지나치게 많이 등장하면 인공지능이 생성한 글로 분류하는 방식입니다. 글을 수정해서 워터마크를 지우려고 해도, '특별 단어 목록'에 어떤 단어가 속해 있는지 모르기 때문에 지울 수가 없습니다.

하지만 이 워터마크 방식도 완벽하지는 않습니다. 똑같은 '특별 단어 목록'을 사용한 언어 모델이 쓴 글만 탐지할 수 있기 때문입니다. 언어 모델을 만든 모든 기업이 같은 '특별 단어 목록'을 사용하도록 합의하지 않는 이상, 워터마크의 유무를 여러 번 탐지해 봐야 한다는 한계가 있습니다.[20]

5

인공지능이
더럽히는 지구

인공지능이 사람보다 잘하는 것은 어떤 게 있을까요? 글쓰기? 바둑? 게임? 어쩌면 그 무엇도 아닌, 탄소 배출입니다. 스탠퍼드대 인공지능 인덱스 보고서에 따르면, GPT-3는 학습할 때 약 502톤의 탄소를 배출했다고 합니다. 이는 전 세계인이 100년 동안 배출하는 양에 해당합니다. 탄소 배출뿐만 아니라 물 소비량도 엄청납니다. ChatGPT와 한 번 대화하는 데 약 500ml의 물이 필요하다고 합니다. 인공지능 모델을 사용하려면 컴퓨팅 자원이 많이 필요한데, 이때 발생하는 열을 식히기 위해 물을 사용하기 때문입니다.[21]

인공지능이 가속하는 기후 위기?

    인공지능 모델에 사용되는 매개변수의 수는 나날이 증가하고 있습니다. 모두가 더 크고 복잡한 모델을 만들기 위해 경쟁하고 있습니다. 이에 따라 인공지능이 일으키는 환경 오염도 점점 더 심각해질 예정입니다. 미래의 환경 운동가는 더 적은 매개변수로 비슷한 성능을 내는, 효율적인 인공지능 모델을 개발하는 연구원이 될 수도 있지 않을까요?

    인공지능을 소재로 한 영화나 소설에 가장 많이 등장하는 내용은 인공지능이 인간을 공격하는 장면인 것 같습니다. 너무나 똑똑해진 인공지능이 그들을 지휘하는 인간에 반기를 드는 것이죠. 그런데 인공지능을 학습하고 사용하는 데 이렇게 많은 에너지와 물이 쓰인다니…. 어쩌면 인간의 터전인 지구를 오염시키는 방식으로 인공지능이 인간을 정복하는 것이 더 빠르고 쉬울지도 모르겠습니다.

유럽 연합의 인공지능 규제 법안

2023년 6월 14일, 유럽 의회는 '인공지능 법안(AI Act)'의 협상안을 가결했습니다. 이는 세계 최초의 인공지능 관련 법안입니다. 이 법안은 인공지능을 '허용할 수 없는 위험(Unacceptable Risk)', '고위험(High Risk)', '제한된 위험(Limited Risk)', '저위험 또는 최소 위험(Low and Minimal Risk)'의 4단계로 분류합니다.

어린아이나 노약자에게 위험한 행동을 유도하거나 실시간 안면 인식을 하는 인공지능은 '허용할 수 없는 위험'에 해당합니다. 이러한 인공지능은 전면 금지됩니다. 다만 유럽 연합이 승인한 체포 영장이 있을 때, 실시간 안면 인식은 제한적으로 허용됩니다. 교육, 법 집행, 채용 등에 인공지능을 활용하는 행위는 '고위험'에 해당합니다. '고위험' 인공지능은 전자기기처럼 안전성 평가를 받아야 합니다. '제한된 위험'에는 챗봇, 감정 인식 모델, 딥페이크와 같이 이미지나 영상을 조작하는 모델 등이 해당합니다. 이들에게는 '투명성 의무(Transparency

최초의 인공지능 법안을 가결한 유럽 연합

Obligations)'가 있어 데이터의 출처나 해당 모델이 생성한 콘텐츠를 공개해야 합니다. 마지막 단계인 '저위험' 인공지능 모델에는 아무런 의무가 없습니다.

이 법안을 위반하면 최대 3,000만 유로, 연 매출의 6%에 달하는 과징금이 부과됩니다. 이는 한화 약 429억 원에 해당하는 금액입니다.[22] 이 법안은 유럽 의회가 가결했으므로 유럽에만 적용됩니다. 그러면 다른 나라는 자유롭게 악랄한 인공지능을 개발할 수 있을까요?

'브뤼셀 효과(Brussels Effect)'는 유럽 연합의 법률이 전 세계에 영향을 미치는 현상을 일컫는 용어입니다. 세계 시장을 무대로 사업을 이끌려면 유럽 기업이 아니어도 유럽 연합의 법률을 따르게 된다는 것입니다.[23] 유럽 연합의 인공지능 법안으로 모두가 더 유익하고 안전하게 인공지능을 활용할 수 있길 바랍니다.

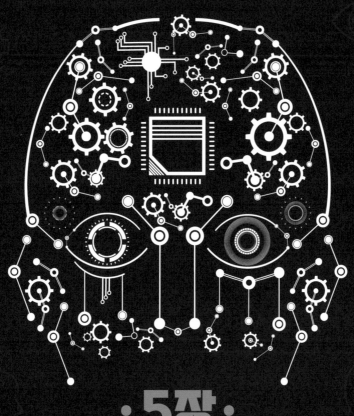

·5장·

인공지능이 그려 갈
미래를 알아봐요

1

**취업한 인공지능,
실직한 우리?**

여러분은 장래희망이 무엇인가요? 혹시 여러분의 장래희망이 인공지능으로 대체될까 봐 걱정해 본 적이 있나요? 실제로 외국의 한 회사는 7,800여 명의 자리를 인공지능으로 대체할 수 있다며 채용을 잠시 중단한다고 발표하기도 했습니다.[24] 앞으로 취업 준비를 할 때, 다른 지원자가 아닌 인공지능과 경쟁하는 시대가 열리지는 않을까요?

얼마 전까지만 해도 인공지능이 인간의 창의성만큼은 절대 따라잡을 수 없다고 생각했습니다. 창의성은 인간만이 가진 고유의 능력이라고 생각했죠. 그래서 소설가, 화가, 작곡가 등 창작 활동을 하는 직업을 인공지능이 가장 대체하기 어려울 것으로 예상했습니다. 하지만 ChatGPT 등 여러 생성형 인공지능 모델이 생성한 글과 그림을 보면, 인공지능이 인간의 창의성을 가장 먼저 따라잡은 것처럼 보이기도 합니다.

그렇다면 인공지능은 인간을 전부 대체할 수 있을까요? 같은 직업을 가진 사람들끼리도 각각 더 잘할 수 있는 영역과 부족한 영역이 있습니다. 같은 축구 선수라도 공격수는 골키퍼보다 골 결정력이 좋고, 골키퍼는 공격수보다 펀칭을 잘하는 것처럼요. 인공지능과 인간도 그런 관계라고 생각합니다. 인공지능이 더 빠르게 잘할 수 있는 부분이 있는가 하면, 인간이 인공지능보다 뛰어난 부분도 있습니다.

휴먼인더루프(HITL, Human In The Loop)는 인공지능과 인간의 협업을 의미합니다. 인공지능이 어려워하는 부분에 한해 인간이 도움을 주는 방식이죠. 예를 들어, 리뷰가 긍정적인지 부정적인지 분류하는 과제를 수행하는 인공지능 모델이 "이 식당은 맛이 있다고 할 수도 없고 맛이 없다고 할 수도 없다"라는 리뷰가 긍정적인 확률은 51%, 부정적일 확률은 49%라고 판단합니다. 긍정적일 확률이 더 높으니 '긍정'으로 분류할 수도 있

인공지능과 인간의 협업 가능성

겠지만, 모델이 크게 확신은 하지 못합니다.

이렇게 모델이 확신하지 못하는 데이터에만 인간이 개입해 답을 수정해 줄 수 있습니다. 아니면 '중립'이라는 새로운 카테고리를 만들어야 한다는 사실을 알게 될 수도 있겠죠. 또는 설명에 맞는 그림을 생성하는 인공지능이 인물의 손이나 발을 그리기 어려워한다면, 인공지능이 그린 그림에서 손이나 발 부분만 인간이 수정해 줄 수도 있습니다. 이러한 휴먼인더루프 방식을 사용하면, 인간의 작업량이 크게 줄어 편리해지면서도 인간이 개입하는 부분도 있어 인공지능에 전적으로 의지할 때보다 결과물을 훨씬 더 신뢰할 수 있습니다.

99

토론거리

여러분은 미래에 어떤 직업을 갖고 싶나요? 그 직업의 업무 중 인공지능의 도움을 받을 수 있는 부분과 인간의 개입이 필요한 부분은 무엇이 있는지 생각해 봅시다.

2

인공지능과 함께하는 일상

앞서 2장에서는 인공지능의 3가지 학습 방식을 알아보았습니다. 정답을 제공하고 이를 학습하는 지도 학습, 정답 없이 데이터 내 패턴을 파악하는 비지도 학습, 마지막으로 보상을 통해 상황에 맞는 최적의 행동을 알아 가는 강화 학습. 각 학습 방식을 통해 만들어질 수 있는 인공지능 모델은 어떤 것이 있을까요? 그리고 이들은 우리의 일상을 어떻게 바꿔놓을까요?

SF 소설에 많이 등장하는 인공지능 판사, 인공지능 의사 등은 모두 지도 학습으로 학습시킬 수 있습니다. 지금까지 인간 판사, 인간 의사가 내린 판단을 정답 데이터로 두고 학습시키면 됩니다. 인간 판사가 판결에 참고한 모든 자료를 모델의 입력으로 주고, 인간 판사가 내린 판결을 정답 데이터로 주어 학습하는 것입니다. 이때 입력 자료를 어떻게 전처리하는지, 얼마나 많은 자료까지 입력에 넣을 수 있을지 등이 성능에 큰 차이를 만들 것입니다. 또한, 인간 판사 또는 인간 의사가 가진 차별이나 이들이 저지른 실수까지 학습하지 않도록 주의해야 합니다.

비지도 학습으로는 이상 탐지(Anomaly Detection) 모델을 학습시켜 범죄를 예측하고 예방할 수 있습니다. 이상 탐지 모델은 대부분의 데이터는 '정상' 데이터로 보고, 대부분의 데이터와 이질적인 데이터를 찾아 이를 '이상' 데이터로 판단합니다. 은행에서 고객의 송금 패턴으로 이상 탐지 모델을 학습시켰다고 합시다. 이때 대부분의 송금 패턴과 매우 이질적인 송금 패턴이 발견되면, 이를 보이스피싱으로 인한 이상 송금으로 의심해 볼 수 있습니다. 보이스피싱으로 인한 송금이 의심되면 즉시 송금을 중단시키고 확인하는 절차를 추가합니다. 이러한 모델이 있다면 범죄 위험을 크게 줄일 수 있을 것입니다.

강화 학습을 통해서는 자율 주행 자동차를 학습시킬 수 있습니다. 현재 도로 상황, 신호등 상태, 보행자의 위치 등을 고려

했을 때 가장 많은 보상을 얻을 수 있는 최적의 행동이 무엇인지 학습하면 됩니다. 실제 상황에서는 무한하게 다양한 돌발 상황이 발생할 수 있어 현재까지 완전한 자율 주행은 어려운 상태입니다. 갑자기 도로로 동물이 뛰어든다거나, 비 오는 날 무단 횡단을 하는 보행자가 있다거나 하는 경우가 학습 데이터에 없다면 자율 주행 자동차는 사고를 낼 가능성이 높습니다. 하지만

자율 주행 자동차의 모습

머지않아 자율 주행이 너무나 당연한 일이 되고, 수능이 끝나면 바로 운전면허증을 따는 게 자연스러운 일이 아니게 될지도 모르겠습니다.

> **토론거리** 인공지능의 3가지 학습 방식인 지도 학습, 비지도 학습, 강화 학습으로 학습된 인공지능이 우리 일상을 어떻게 바꿀 수 있을까요? 자신의 일상 혹은 좋아하는 영화나 소설 속 캐릭터의 일상을 어떻게 바꿀 수 있을지 상상하고 발표해 봅시다.

3

인공지능의
미래

인공지능이 바꿀 우리의 미래가 아니라, 인공지능 스스로의 미래는 어떨까요? 인공지능의 최종 목표는 '범용 인공 지능(AGI, Artificial General Intelligence)'입니다. 번역하기, 바둑 두기, 이미지 생성하기 등 하나의 과제만 잘하는 것이 아니라, 인간이 할 수 있는 모든 과제를 인간처럼 수행할 수 있는 인공지능을 의미합니다. 이를 위해서는 다양한 형식의 데이터를 이해할 수 있는 '멀티 모달(Multi-modal)' 모델이 필요합니다.

인간은 글만 읽거나 그림만 보거나 소리만 듣지 않습니다. 눈으로 글을 읽고, 귀로 목소리를 듣고, 손으로 촉감을 느끼는

'범용 인공지능'은 언제 만날 수 있을까?

등 동시에 다양한 감각과 데이터를 통해 세상을 이해합니다. 하지만 GPT-3.5까지만 해도 글만 읽고 쓸 수 있었지, 이미지나 음성을 처리하지는 못했습니다. 이후 공개된 GPT-4는 글뿐만 아니라 이미지도 처리할 수 있는 멀티 모달 모델입니다.

앞으로 더 크고 성능 좋은 멀티 모달 모델이 등장하면서 범용 인공지능에 도달하게 될까요? 머지않아 인공지능이 인간의 지능을 뛰어넘는 '특이점(Singularity)'이 오게 될까요? 1장에서 살펴본 '인공지능 유행이 시작된 이유'를 다시 떠올려 봅시다.

1장에서는 그 이유를 3가지로 들었는데요. 바로 빅데이터와 컴퓨터 성능의 발전, 그리고 인공지능 알고리즘의 발전이었습니다. 이 이유들이 건재하다면 인공지능은 끝없이 발전할 수 있을 것 같습니다. 그런데 첫 번째 이유인 빅데이터부터 삐그덕거리기 시작합니다. 한 연구에 따르면, 양질의 언어 데이터는 2026년에, 저품질의 언어 데이터는 2030년과 2050년 사이, 저품질의 이미지 데이터는 2030년과 2060년 사이에 고갈될 것이라고 합니다.[25] 2026년에는 인터넷 콘텐츠의 90%가 인공지능이 생성한 콘텐츠가 될 것이라는 예측도 있습니다.[26]

인공지능은 인간보다 훨씬 빠르게 많은 글을 쓸 수 있고, 인공지능 때문에 인간이 인터넷에 글을 쓰는 일도 적어지기 때문입니다. 실제로 개발자의 네이버 지식인 같은 존재인 'Stack Overflow'라는 사이트는 ChatGPT 공개 이후 트래픽이 14% 감소했습니다.[27]

사람들이 'Stack Overflow'에 글을 써서 다른 개발자에게 코드를 물어보는 대신 ChatGPT에 물어보는 경우가 늘었기 때문입니다. 하지만 이렇게 인간이 새로운 글을 안 써 주면, 인공지능은 더 이상 새로운 개념을 학습할 수 없습니다. 또한 4장에서 살펴보았다시피 슬프게도 인공지능이 생성한 데이터로 학습한 모델은 '모델 붕괴' 현상으로 인해 성능이 저하됩니다. 이렇게 학습할 양질의 데이터가 부족해지면 더 이상 인공지능 모델이 개선될 수 있을지 의문이 듭니다. 세 번째 이유였던 인공지능 알고리즘의 발전도 미미합니다. ChatGPT가 놀라운 성능을 보이며 단 5일 만에 100만 명의 이용자를 돌파하는 신기록을 보였으나,[28] 사실 모델 구조 자체는 2017년에 발표된 트랜스포머와 크게 다르지 않습니다. 물론 언어 모델에 강화 학습을 도입하며 성능을 개선했지만, 근본적인 모델 구조는 그대로입니다.

트랜스포머 기반 모델은 다양한 한계점이 있습니다. 특히 언어학적으로 볼 때, 문장 구조나 발음이 반영되어 있지 않습니다. 인간은 언어를 계층적으로 이해합니다. 만약 인간이 모든 단어를 같은 위계로 간주한다면 "귀여운 동생의 고양이"는 한 가지 의미로만 해석되어야 합니다. 하지만 인간은 언어를 계층적으로 이해하기 때문에 이것은 중의적 표현이 됩니다. 1번 구조로 해석한다면 동생이 고양이를 키우는데 그 고양이가 귀엽다는 의미가 되고, 2번 구조로 해석한다면 동생이 귀여운데 그 귀여운 동생이 고양이를 키운다는 의미가 됩니다. 트랜스포머

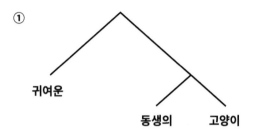

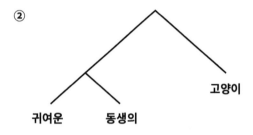

기반 모델도 인간처럼 언어를 계층적으로 이해하게 된다면 지금보다 언어에 대한 이해도가 훨씬 높아질 것입니다.

또한, 트랜스포머 기반 모델은 단어의 발음을 전혀 모릅니다. 학습 데이터는 쪼개진 단어들의 나열일 뿐, 이들의 발음에 대한 정보는 제공되지 않습니다. 그래서 아무리 똑똑한

ChatGPT라도 '초월 번역'은 하지 못하는 경우가 많습니다. 아이폰 14의 광고 문구 "Hello Yellow!"를 한국어로 "나랑 노랑!"으로 번역해 화제가 되었습니다. 원문의 음운 반복을 한국어에서 잘 재현했다는 평을 받았습니다. 과연 ChatGPT도 이러한 '초월 번역'을 할 수 있을까요? GPT-3.5 기반 ChatGPT에게 "Hello Yellow!"의 음운 반복을 살려서 한국어로 번역해 달라고 부탁했으나, ChatGPT의 답변은 "안녕 이옐로!"라는 정체불명의 문구였습니다.

You
노란색 아이폰이 새롭게 출시되었다는 의미인 아이폰 14의 광고 문구 "Hello Yellow!"를 한국어로 번역해주세요. 의미가 정확히 똑같지 않더라도 괜찮으니, 한국어 번역본에도 영어 원문처럼 음운 반복이 최대한 드러나도록 번역해주세요.

ChatGPT
"안녕 이옐로!"

지금까지 인공지능의 장밋빛 미래와 어두운 미래를 모두 살펴보았습니다. 그런데 사실 인공지능의 미래에 가장 중요한 변수를 하나 빠뜨렸습니다. 바로 여러분입니다. 여러분 덕분에 더 안전하고 똑똑한 인공지능을 만날 수 있길 희망합니다.

이제 인공지능만 믿고 공부는 정말 안 해도 될까요?

최근 몇 년간 인공지능은 엄청난 속도로 발전했습니다. 겨우 옹알이하는 줄 알았던 인공지능이 갑자기 장성하여 대학 토론 대회에 참여하는 모습을 본 느낌입니다. 하지만 계속 이렇게 빠르게 발전만 할 것이라고 낙관할 수는 없습니다. 인공지능은 이미 1970년대와 1990년대에 두 번의 암흑기를 겪은 바 있습니다. '인공지능의 겨울(AI Winter)'이라고 부르는 이 시기엔 사람들이 인공지능에 관심도 없고 투자도 하지 않았습니다. 인공지능이 모든 문제를 해결해 줄 줄 알았지만, 막상 살펴보니 기대보다

부족했기 때문이죠.

　인공지능에 대한 말이 수없이 쏟아지는 시대입니다. 모두가 인공지능에 열광하고, 인공지능을 궁금해합니다. 지금은 누가 봐도 인공지능의 여름, 그중에서도 한여름인 것 같습니다. 이 한여름 뒤에 다시 겨울이 찾아올지, 특이점에 도달해 다시는 겨울이 찾아오지 않을지 의견이 분분합니다.

그 답은 아무도 모르지만, 인공지능은 누구나 알 수 있습니다. 인공지능을 알아야 인공지능을 믿을 수 있는지도 스스로 판단할 수 있겠죠. 이 책이 '인공지능에 대해 알아보기'라는 목표에 맞는 만족스러운 초깃값이 되었길 바랍니다. 이제 더 그럴듯한 오답을 향해 나아갈 차례입니다. 마음껏 틀리면서 인공지능을 더 깊게 알아가 보세요.

부록

인공지능 연구원이
되고 싶다면?

인공지능 관련 직업을 갖고 싶나요? 인공지능 관련 직업도 아주 다양하지만, 크게 3가지로 나눠 볼 수 있습니다. 데이터 엔지니어(Data Engineer), 머신러닝 연구원(Machine Learning Researcher), 머신러닝 엔지니어(Machine Learning Engineer)가 있는데요. 이들을 모두 '데이터 사이언티스트(Data Scientist)'라고 부르기도 합니다.

데이터 엔지니어는 인공지능 모델 학습과 평가에 필요한 대용량의 데이터를 처리하는 일을 합니다. 웹사이트나 앱 등에서 수없이 쌓이는 데이터를 관리하고 가공합니다. 머신러닝 연구

원은 인공지능 모델 자체에 집중하는 역할입니다. 주어진 목표를 가장 잘 달성할 수 있는 모델을 구상하고 구현합니다. 학습에 필요한 데이터가 무엇인지 찾는 일도 하고, 여러 모델을 학습시킨 후 가장 적합한 모델이 무엇인지 평가하는 일도 담당합니다. 머신러닝 엔지니어는 인공지능 모델을 배포합니다. 실제 서비스에 인공지능 모델의 결과가 적용될 수 있게 도와주는 일을 합니다.

데이터 엔지니어와 머신러닝 엔지니어는 이름부터 '엔지니어'인 만큼 공학 전공자가 많습니다. 머신러닝 연구원은 비교적 다양한 전공을 가진 사람들이 있습니다. 하지만 일반적으로 수학, 통계학, 컴퓨터 공학이 직무와 가장 가까운 전공으로 여겨집니다. 같은 머신러닝 연구원이라도 언어 데이터를 다루는 자연어 처리, 이미지나 영상 데이터를 다루는 컴퓨터 비전, 사용자가 좋아할 아이템을 추천해 주는 추천 시스템 등 각자 다른 전문 분야가 있습니다. 각 분야에서 많이 사용된 모델들의 구조를 이해하고 이를 응용해 문제를 해결해야 합니다. 인공지능 모델을 이해하려면 영어로 된 논문을 많이 읽어야 합니다. 그리고 논문의 내용을 이해하려면 통계, 선형대수 등에 대한 지식도 필요합니다. 따라서 영어와 수학 모두 열심히 공부해야겠죠?

모델을 구현하고 학습시키려면 프로그래밍 언어도 알아야 합니다. 머신러닝 연구원은 주로 '파이썬(Python)'이라는 언어를 사용합니다. 데이터베이스에서 데이터를 추출해 오기 위해 SQL도 자주 사용합니다. 프로그래밍 언어를 처음 배울 때는 코딩도장,[29] 코드카데미(Codecademy)[30] 등의 학습 사이트를 이용하는 것도 좋습니다.

강의를 통해 인공지능의 기본기를 쌓고 싶다면, 가장 유명한 앤드류 응(Andrew Ng) 교수님의 '머신러닝(Machine Learning)'

강의[31]를 들어보세요. 영어 강의가 부담스럽다면 김성훈(Sung Kim) 교수님의 '모두를 위한 딥러닝'[32] 강의로 시작해 보세요. 두 강의 모두 훌륭하고 무료로 수강할 수 있습니다. 강의보다 책이 편하다면 사이토 고키의 《밑바닥부터 시작하는 딥러닝》으로 시작하는 것을 추천합니다.

머신러닝 연구원의 일상을 미리 경험해 보고 싶다면 캐글(Kaggle)[33]에서 열리는 대회에 참가해 보세요. 데이터가 주어지면 각자 구상한 모델로 최고의 성능을 내며 겨루는 대회입니다. 순위권에 들면 상금을 주는 대회도 많이 있습니다. 하지만 다른 사람이 던져 주는 과제만 기다릴 필요는 없습니다. 스스로 질문을 던지고 궁금증을 해결해 보세요. 직접 데이터를 수집하고, 인공지능 모델을 학습하고, 평가까지 해 본다면 더할 나위 없이 좋은 경험이 될 것입니다.

미주

1 https://www.kaggle.com/datasets

2 https://aihub.or.kr/

3 https://corpus.korean.go.kr/

4 https://openai.com/research/faulty-reward-functions

5 https://huggingface.co/learn/nlp-course/chapter6/5?fw=pt

6 https://openai.com/blog/ChatGPT

7 https://www.reuters.com/article/us-amazon-com-jobs-automation-insight-idUSKCN1MK08G

8 https://www.hani.co.kr/arti/society/women/978313.html

9 https://www.digitaltoday.co.kr/news/articleView.html?idxno=478432

10 https://time.com/6247678/openai-ChatGPT-kenya-workers/

11 https://www.noemamag.com/the-exploited-labor-behind-artificial-intelligence/

12 https://cosmosmagazine.com/technology/ai/training-ai-models-on-machine-generated-data-leads-to-model-collapse/

13 https://m.hankookilbo.com/News/Read/
A2023022215200000727

14 https://thenewstack.io/reduce-ai-hallucinations-with-retrieval-augmented-generation/

15 https://www.npr.org/2023/05/22/1177590231/fake-viral-images-of-an-explosion-at-the-pentagon-were-probably-created-by-ai

16 https://www.asiae.co.kr/article/2023071309261385880

17 https://www.wsj.com/articles/ChatGPT-already-floods-some-corners-of-the-internet-with-spam-its-just-the-beginning-9c86ea25

18 https://openai.com/blog/new-ai-classifier-for-indicating-ai-written-text

19 https://www.reuters.com/technology/openai-google-others-pledge-watermark-ai-content-safety-white-house-2023-07-21/

20 https://www.nytimes.com/interactive/2023/02/17/business/ai-text-detection.html

21 https://m.hani.co.kr/arti/science/technology/1090180.html?_fr=tw&s=32

22 https://world.moleg.go.kr/web/dta/lgslTrendReadPage.do?CTS_SEQ=50819&AST_SEQ=96&ETC=4

23 https://www.youtube.com/watch?v=JOKXONV7LuA

24 https://www.reuters.com/technology/ibm-pause-hiring-plans-replace-7800-jobs-with-ai-bloomberg-news-2023-05-01/

25 Pablo Villalobos et al., Will we run out of data? An analysis of the limits of scaling datasets in Machine Learning, 2022

26 https://futurism.com/the-byte/experts-90-online-content-ai-generated

27 https://www.similarweb.com/blog/insights/ai-news/stack-overflow-ChatGPT/

28 https://indianexpress.com/article/technology/artificial-intelligence/ChatGPT-hit-1-million-users-5-days-vs-netflix-facebook-instagram-spotify-mark-8394119/

29 https://dojang.io/

30 https://www.codecademy.com/

31 https://www.coursera.org/specializations/machine-learning-introduction

32 https://www.youtube.com/playlist?list=PLlMkM4tgfjnLSOjrEJN31gZATbcj_MpUm

33 https://www.kaggle.com/

참고 문헌

논문

Ashish Vaswani et al., Attention is All You Need, 2017

Alec Radford et al., Improving Language Understanding by Generative Pre-Training, 2018

Ilia Shumailovet al., The Curse of Recursion: Training on Generated Data Makes Models Forget, 2023

Pablo Villalobos et al., Will we run out of data? An analysis of the limits of scaling datasets in Machine Learning, 2022

인터넷 사이트

https://openai.com/research/faulty-reward-functions

https://huggingface.co/learn/nlp-course/chapter6/5?fw=pt

https://openai.com/blog/ChatGPT

https://www.reuters.com/article/us-amazon-com-jobs-automation-insight-idUSKCN1MK08G

https://www.hani.co.kr/arti/society/women/978313.html

https://www.digitaltoday.co.kr/news/articleView.html?idxno=478432

https://time.com/6247678/openai-ChatGPT-kenya-workers/

https://www.noemamag.com/the-exploited-labor-behind-artificial-intelligence/

https://cosmosmagazine.com/technology/ai/training-ai-models-on-machine-generated-data-leads-to-model-collapse/

https://m.hankookilbo.com/News/Read/A2023022215200000727

https://thenewstack.io/reduce-ai-hallucinations-with-retrieval-augmented-generation/

https://www.npr.org/2023/05/22/1177590231/fake-viral-images-of-an-explosion-at-the-pentagon-were-probably-created-by-ai

https://www.asiae.co.kr/article/2023071309261385880

https://www.wsj.com/articles/ChatGPT-already-floods-some-corners-of-the-internet-with-spam-its-just-the-beginning-9c86ea25

https://openai.com/blog/new-ai-classifier-for-indicating-ai-written-text

https://www.reuters.com/technology/openai-google-others-pledge-watermark-ai-content-safety-white-house-2023-07-21/

https://www.nytimes.com/interactive/2023/02/17/business/ai-text-detection.html

https://m.hani.co.kr/arti/science/technology/1090180.html?_fr=tw&s=32

https://world.moleg.go.kr/web/dta/lgslTrendReadPage.do?CTS_SEQ=50819&AST_SEQ=96&ETC=4

https://www.youtube.com/watch?v=JOKXONV7LuA

https://www.reuters.com/technology/ibm-pause-hiring-plans-replace-7800-jobs-with-ai-bloomberg-news-2023-05-01/

https://futurism.com/the-byte/experts-90-online-content-ai-generated

https://www.similarweb.com/blog/insights/ai-news/stack-overflow-ChatGPT/

https://indianexpress.com/article/technology/artificial-intelligence/ChatGPT-hit-1-million-users-5-days-vs-netflix-facebook-instagram-spotify-mark-8394119/